U0000794

Radiation and Reason

正確的輻射觀
請聽專家解析輻射恐慌

頁里森 Wade Allison —— 著

林基興 —— 譯

臺灣商務印書館

中文版序

　　本書終於出現中文版，書末多加了日本福島核子事故，其他大致和英文版一致。就如之前的核子事故導致反應器受傷，福島的也是，但其排出的輻射劑量，對民眾的影響呢？許多報導實在太誇張，弄得民眾惶恐不已，而社會一片虛驚。全世界各國對該事件的初步反應，各有不同，部分的原因是各國的歷史經驗。核子科技可大大幫助我們，而我們的評述應根據科學，這是每個國家要做的事。政治的與地質的不穩定影響國家的許多層面，核子事故問題亦然。

　　發生事故時，人們自然會質問：「誰的過錯？」但即使許多人已經為求解而付出代價，也不一定會有答案。希望本書提供的科學論述，幫助讀者瞭解許多關鍵的問題，也為將來的發展提供相互的信任與樂觀。

　　本書和英日文版電子書（2011 年版 Kindle）的第七章「環境中的劑量」一節，均已特加解釋澄清。

頁里森

2012 年 3 月於英國牛津

英文首版序

　　當前人類處境為難：一方面擔心經濟不穩定，另一方面又害怕氣候變遷。若處理不善，兩者均可導致廣泛的社會困擾與政治紊亂。尤其是，若要經濟繁榮而無碳足跡，即表示能源政策需要大改革；幸運的話，這一改變在短中期仍可導致經濟繁榮。減少碳足跡的作法是不少，包括使用風能、潮汐能、太陽能、改進現有設備的效率，但是最有力與可靠的能源為核能。然而，許多人認為核能有安全顧慮，是嗎？對此簡潔問題的簡潔答案應為「否」；本書志在以易解方式解釋與探討此問答。

　　幾年來，我教學與研究物理的多項領域，包括核子物理與醫學物理，但是我和核能業界沒有什麼關聯。我知道輻射安全事宜容易遭受危言聳聽和偏頗論斷；雖然多年前，人們似乎有理由偏好石化燃料當初級能源，我就不便澄清民眾對輻射的認知；但今天的環境局勢很不一樣，需要細解此議題。

　　但要用什麼語氣？如何說明？使用一般讀者通用的字眼，則科學界會不當一回事。但是科學術語對於許多讀者實在難以理解，因此沒人要聽。可行的方式為有時用科學解釋（但容易理解的），有時用圖解和例子（和普通常識相關）；總之，需要變化語調。但是，我大概會多少到處

惹惱讀者，實在對不起。雖然我找到避免使用方程式（除了一些註腳）的方法，但科學上有些很大的數與很小的數，還是使用科學記數法[1]。若你認為有些敘述不重要或難懂，那就跳過去，以後要看再看。描述最近的科學研究時，會標示參考順序，而在書末列出文獻。大部分的參考文獻可在網路上找到，但本書解釋清楚，不必看文獻也可以。書末又附上「進一步讀物」。

我的解說要從物理開始，幾十年來，科學界已經相當清楚大氣、原子核、輻射。接著是輻射的生物效應，這在三十年前並不那麼清楚。通常，科學普及讀物是為了讓人覺得驚豔和受到鼓舞，這很重要。但現在我們的目標更樸素與務實：讓讀者確實瞭解核子威脅（以正確的科學說明）、到底要怎麼做才能改善我們的環境（這可是關係著我們的存亡）。核心的問題是：輻射與核子科技導致的健康風險程度如何？在第六和七章，討論目前的證據與現代生物學的相關事宜。並非所有的問題均已獲得完整的解答，但仍可解答得相當妥當。本書的結論也許和目前的世界輻射規範不同，而讓你大吃一驚，但是，科學文獻上有相當多的近代輻射生物學研究結果，均迥異於目前的世界輻射安全法規，可惜，有興趣的大眾可能不知情。核子科技的成本很高，部份原因在於輻射安全的法規過於嚴苛。若能大幅度放寬，則將助益於建設更多的核能發電廠。

---

1. 例如，10^6 表示一百萬、10^{-6} 表示百萬分之一。

近來的這些科學發現和氣候變遷無關，雖然氣候變遷使得現在的能源問題更顯重要。但是為何民眾認為輻射與核子科技非常危險？本書會詳細解釋，也描述現在核子科技提供大量無碳的電力，又幫助提供食物與乾淨用水等。

這是我的呼籲：

> 本書提出好消息，但世人已經準備好，以當前輻射科學研究的成果，重新檢視過去的安全假設嗎？這是要緊的，因為如果沒有核能，人類的未來看起來黯淡。

英國文學家福斯特（Edward Forster）寫道：

> 我認為影響我們的書，是我們已經準備好接納，而又比我們所知稍多的。

希望本書對一些讀者而言是來得剛好。

為了討論幾個重點，本書省略了許多重要議題或只是略為帶過，尤其是「**微劑量**」，輕描淡寫而已，但該觀念有助於後續的討論。無疑地，本書尚有該給而未給的誌謝等各式缺失，這些都是我的過錯。

寫作本書時，我從與同僚的談話中學到許多。通常申請研究經費相當折騰，幸運地，我可以安靜地思考與研究。若非許多人之助，本書恐難完工；以前的學生和家屬、我家人等，費時幫忙閱讀本書初稿，改善可讀性，在此特別感謝 Martin Lyons, Mark Germain, James Hollow, Geoff Hollow, Paul Neate, Rachel Allen, John Mulvey, John Priestland,

Chris Gibson, Jack Simmons, Elizabeth Jackson. 感謝內人 Kate 和其他家人，在最近三年我專注於寫書時，他們愛護我和忍受我。

最後，我要感謝 LynkIT 的 Paul Simpson 和 YPS 的 Cathi Poole，對印行本書與推廣本書的熱心與幹勁。

頁里森
2009 年 9 月於牛津

譯 序
化作春泥更護花

1865 年，英國立法規定機動車輛（火車和汽車），在城鎮區的速限為「最高每小時 3 公里」，而且其前頭 55 公尺處，要有人先行拿紅旗警示民眾。

當我們不瞭解科技時，就會害怕與要求嚴管。今天，誰會要求台灣高鐵的時速 3 公里呢？因為我們的科技知識進步很多，也不會遐想災害。

不幸的是，最近日本仍發生嚴管而衍生悲劇：2011 年 3 月福島核能事故後，在 7 月，政府設限「食物輻射劑量每公斤 500 貝克」，這可推算，即使每天約吃十公斤那種食物，經過四個月內，而其輻射風險，仍少於一次電腦斷層掃描的劑量。2012 年 4 月，日本更嚴縮管制為每公斤 100 貝克。結果，導致許多食物浪費與銷毀、物價上揚、外地居民歧視等社會災難。另外，因管制環境輻射劑量超嚴，政府疏散居民，導致社會破散與民眾流離，而產生自殺、酗酒、絕望、憂鬱、身心交感疾病等，一年來約有六百人死亡（但輻射沒讓一人致死）。

今年初，譯者寫書《為何害怕核能與輻射》，書中提到頁里森教授這本書，就請他惠賜書封（當拙著的插圖），頁里森熱心惠賜之餘，又問可有人要翻譯本書為中文，譯

者就自告奮勇承接。

　　頁里森為物理教授，跨足高能物理與醫療物理，2006年出書《探測與造影的基礎物理》後，關切民眾對輻射的錯誤認知，而在 2009 年出版本書，又到處演說講解核能與輻射的安全事宜。2011 年 3 月，日本核能事故後，7 月本書的日文版印行；10 月，他到福島參訪，深覺「恐慌與不信任」、「嚴管食物劑量、疏散居民」對日本傷害甚巨；他受邀到東京的外國記者俱樂部，演講「輻射與理智──福島與之後」（Radiation and Reason–Fukushima and After）。2012 年 6 月，他發表文章〈誤解的悲劇──福島無嚴重的輻射災害〉；7 月，他在德國發表文章〈德國應該重新思考其核能政策〉（主因是德國宣佈要廢核）。2012 年 7 月，日本議會公佈《福島核子事故獨立調查委員會的官方報告》，他為文〈福島事故與國家事故獨立調查委員會報告〉，指出該報告沒區分兩件事（核電廠發生事故、釋放的輻射傷及人與環境的程度），也錯誤地認為該事故為「日本製」（made in Japan），結果，日本太自我批判地找「代罪羔羊」；固然日本政治有其問題，但電廠員工已盡力搶救。其實，最要檢討的是日本嚴管的源頭，亦即，國際放射防護委員會的輻射安全規範（因為太嚴格了，如本書詳述）。例如，在疏散區的劑量，只是每年兩次斷層掃描（20 毫西弗）。然而，根據廣島長崎紀錄、世界各地居民環境（平均每年 2.4 毫西弗而有些地區高達 70毫西弗卻無致癌風險）、近年輻射生物學等研究，輻射劑

量應放寬為每年一百毫西弗（本書詳述）。則那六百位日本人應該不會無辜地死亡。

人類對輻射為何有超嚴的風險觀呢？科學家與政府探究「風險認知與溝通」，但績效不彰，因為很難（今天的美國仍有組織堅持地球是平的呢）。試觀最近，英國有份普查反映民眾「常態分布」的認知（從正確到錯誤的各式認知）：2011 年 11 月，英國下議院的科技委員會公開徵求國民對「風險認知、能源基礎建設（包括核能等）」的意見，今年 7 月公佈結果。皇家化學學會的意見是，影響民眾風險認知的主因為恐懼；反對者經常簡化而慫動有力地訴說科技風險、「專家名嘴」常在媒體誤導民眾；在缺乏足夠資訊（尤其發生科技事故的早期）時，民眾傾向於相信「最糟的可能性」；近代科技知識不易解釋，也難讓民眾理解；民眾不解「風險與危險的差別」。至於核電廠附近的家長呢？自認其健康已經受到輻射損害；綠色和平組織則說政府聯合核子產業一起淡化核能輻射風險，又操縱媒體，而民眾的認知不是非理性的。

專家力陳，溝通的「內容」不及溝通的「方式」或甚「溝通者」來得重要（此即為何「代言人」常為影歌星），但是科學家往往木訥無趣。反核者卻讓民眾覺得「親民與環保」，他們話的正確部份不多，但已足以取信民眾。民眾往往沒耐心或興趣聽科學說明（通常無趣）。

因為日本核電廠事故，我國一片恐慌，文藝界紛紛要求廢核，但其發言多科學誤謬（但民眾不知）；又舉德國

廢核為榜樣，但不說法國人繼續支持核電（民眾誤以為廢核為全球趨勢）。結果，馬總統宣佈相當不利核電的決定。反核者不解核能與輻射科技，讓人虛驚也浪費資源，又傷害國家甚巨。

宏觀而言，譯者對核能電廠附近居民與其他反核者提出呼籲：

1. 核能電廠在日常運作時，並不傷人；其排放輻射在安全規範之內。

2. 全國民眾不要浪費心力與資源去抗議核能電廠，而是監督其員工正常地操作。核能電廠就是大家的，供應電力給家用冰箱與冷氣、醫院救人、市場保鮮食物等。

3. **萬一核能電廠發生事故（很不可能），釋放的輻射量低，請遵照救護規定做（疏散或關門窗、服用碘片等）；這些都是預防傷害的措施，並不比其他天災人禍更嚴重，例如，台北汐止的土石流、南投的地震、台中 KTV 的火災、北海岸公路的車禍、每年的颱風等，往往死傷慘重。**

4. 人生充滿風險，未誕生前需篩檢看是否罹患唐氏症，小孩容易遭受腸病毒和食物噎到，年輕人叛逆和吸毒等。在家有風險而外出也有風險、工作有風險而失業也有風險。2010 年我國人的死因以「肥胖」為首號殺手。國人約四分之一會罹患癌症，不要隨便怪罪輻射。國人致癌因子主要為抽菸、飲食

不當、肥胖、缺運動、酗酒等。**在高速公路上，駕駛一個不小心可能導致嚴重傷亡，但是路上滿是車與人，有人抗議與禁車嗎？我國交通事故每年幾十萬件與死亡幾千人，但是我國核能電廠運作三十四年來，無一人因輻射死亡。**

5. 諸如燃煤等其他發電方式，大致上均比核能發電的風險高很多。一般人不易理解風險的估算（統計學），容易被誤導，例如，**有人宣稱「機率再小也不能接受」，則他不能吃東西，因為會噎死；他不能過馬路，因為會被撞死；可知反核者只是情緒地無理性。**

6. 每個國家均需要淨水廠、發電廠、農機廠等，可能發生風險事故（但是自家內也釀災啊）；也會有國家公園、親水堤岸等，讓人心曠神怡。不管「表面上」好壞，總有人住在附近，**難道我國民素質差到只會自私地享受而不知分擔社會的義務嗎？**但是人生際遇難說，附近設施的影響多大？因現代人移動率高。如衛生署所示，個人生活方式其實更具影響力。

7. 半世紀以來，全球三十二國 432 個核反應器，至今，只有三個重大事件，美國三浬島沒傷人、蘇聯車諾比軍民通用釀禍、日本福島核電廠在附近煉油廠等各建物全毀後仍屹立不搖。五十多年來，全球西方美式核電廠並沒致一人於死地。日本地震與海嘯讓兩萬人死亡失蹤，核能電廠事故無人因輻射死亡，

但後者廣為媒體聳動報導，而前者相對地幾無報導。其他能源災禍，包括燃煤電廠導致全球每年傷亡甚多、全球暖化迫在眉睫、每年石化事故死傷慘重（煤礦災害致死、每年漏油十四億公升）等，幾乎得不到媒體與民眾的關注。

8. 總之，**可說輻射沒傷人，倒是民眾的錯誤認知傷害自己與社會。**

但願翻譯與推介本書給國人後，增進大家正確地瞭解核能與輻射；更期望核能電廠附近的民眾能安心地生活。至於反核者，請勿再推銷錯誤的科學知識，饒了地球（氣候變遷）一條生路。

林基興

2012 年 8 月

目　錄

第一章　認知

對於「激情與迷信」毒藥，科學是強力的解毒劑。
——英國經濟學家史密斯
（Adam Smith, 1723~1790）

錯誤

　　雖然很少人經歷輻射的危險，它卻讓人異常的擔心與警覺。這樣的觀點有道理嗎？是怎麼來的呢？

　　在第二次世界大戰之前，民眾寬鬆地接納輻射，主要原因是大家不知道有何不妥。但在核子時代來臨後，整個改觀。

　　1945 年，核彈摧毀日本的廣島和長崎，減免登陸戰爭導致雙方的大量傷亡，這在軍事和政治上均為成功的作法。在科技上，這也是勝局，因為從來沒有根據基礎物理研發而獲得這樣威力的成果。

　　但在讓民眾瞭解核子科學方面，卻很失敗，而且影響至今。那麼，我們學到什麼教訓呢？核爆非常危險，只有很少人理解，民眾的擔憂一直存在。有關當局禁止自由探問，民眾也沒質疑危險的程度。接下來的冷戰多年，在國際政治上，此種恐懼為有用的武器，沒人質疑其根據，即使應可質疑的人也不提。然後發生車諾比事件，讓民眾更困惑與恐

慌。在民眾心中，對核子戰爭的害怕影響了對民用核能發電的看法，大部分人只想離開「任何核子」遠一點。

雖然多年前有些問題不易回答，但民眾應該多提的。有三個密切關聯（就像洋蔥片層層同心）的顧慮，首先（也是最核心）是瞭解輻射對人體健康的效應，這是個科學問題，和下兩個問題有關。第二問題是教育公眾與形成安全規範（參考第一個問題的答案）。第三個問題是說明輻射不值得恐慌（但有些國家和恐怖份子則樂意拿來要脅用），這和第二個問題密切相關，亦即建立穩固的公眾意見與安全規範，方便面對國際壓力。

過去半世紀以來，這些問題相當混淆。冷戰時期，國際政治利用公眾的恐慌與對輻射的無知。只有近年來，才有科學證據和瞭解，以解答上述科學問題。在缺乏清晰的生物學與適當的人體證據時，輻射的安全指導原則與立法只是反應式，對民眾的顧慮則施以嚴格的輻射和核子科技法規，以為這樣即可提供需要的安心保證。但是嚴格的法規只是增加民眾的不安，而非放心。

但是現代已有兩個變化，首先，之前缺乏的科學答案，現在已經大部分有了；其次，我們迫切需要新的核能電廠，以便減少石化燃料；我們並沒改變輻射的安全性，但需要儘快更正其安全規範。因此，本書志在簡易明晰地解釋其科學，加上優質的證據，並提出概略但有根據的新安全規範；則公共政策與國際外交可隨之更新。

個人的風險與知識

社會上每個人決定減少意外的風險，有時依據他們認知的風險程度，有時依據真正的風險程度。有時民眾在安全時心懷警戒，但有時在需要小心時卻覺得無所謂。

在各式的場合，怎樣的風險是可接受的？不能說零風險吧，因為無風險的社會是烏托邦與無法達到的。雖然個人可能認為風險既確定又無法定量，但必須克制此念頭，因為任何風險需與其他替代選項的風險相比較。地球上的生命有其時限，但希望並不是被人為招致的氣候變遷所提早結束。對於我們每人，大限之期會到，因為人都會死；依生活水準、健康、飲食等，平均壽命約七、八十歲。則導致 1% 死亡風險的某一事故對生命的平均效應為何？若平均壽命為四十歲，則會減少 0.4 年，或說是五個月。若某事件導致的一生風險為 0.1%，則壽命只減少兩星期；此風險的程度和人們日常生活中，遇到的許多選項與風險一樣。若真能為地球提供福祉利益，許多人會樂意為子孫著想少活兩星期，不是嗎？因此，依此邏輯，若為好的理由，我們願意承擔千分之一的一生風險，這應為明智的抉擇。以下會說明，證據顯示，只有在相當特殊的情況下，核子事故才會高到這個地步。

通常，決策者需要確認他們瞭解相關局勢。若其資訊來自人人皆知的集體意見，則該決策有可能受到誤導；若越多人依賴別人的意見，則需越久的時間才能發現有錯誤。類似地，盲點越大，越有可能是沒弄對基本的問題與

答案。實務上，民眾也許不易提出困難的問題，所以，需要轉去請教專家，此時不要牽扯其他問題，否則很可能，真正的宏觀會被各自狹窄的集體定見而扭曲。

一個好例子是，第一次世界大戰時情報與決策的流動，其後果是損失極多的人命，諸如 1916 年 7 月在「索姆河戰役」（Battle of Somme，英法兩國突擊德軍，在法國北方索姆河區域作戰，雙方陣亡共三十萬人）的。指揮官決定行動方案，卻不瞭解戰場實際情況，而在戰場上的人不准以其現場情報修改作戰方案。指揮官假設最大量的砲擊將摧毀敵軍的鐵絲網和制壓敵軍的機槍，但實際上做不到。指揮官不知實情，而戰場官兵必須遵守其命令，結果是發生原可避免的大屠殺。

最近的例子是，二十一世紀早期實施的各式交易與保險，對全球金融系統穩定性的效應。在 2008 年前，金融監管機構和公司資深經理，鼓勵經銷商談判而以錢交換風險的合約，但他們不瞭解建構出此結構的不穩定性。他們稱該結構「複雜的與先進的」，這樣的字眼可說就是一種警告，其實那只是用來給人好印象，讓人無疑問地接受。後來，該金融結構崩潰，無人能決定持股的所有者與其價值，當時就是無人能夠看清到底發生了什麼事與其後果，弄得後來悽慘如 1916 年索姆河戰役。全球 2008 金融大災難的主因就是上述的結構脫序，其實在八年前，威樂莫（Paul Wilmott）[1] 已預見而寫下：

> 曾經是「紳士」事業的金融，已經變成「玩家」

的遊戲，後者逐漸精進技巧，通常擁有一些領域的博士學位。……不幸地，金融數學變得更高深後，常識不見了。……很明顯地，如果全世界要避免數學家主導的市場融毀，我們急需重新思考。

需要以科學做決策時，則是否可得到恰當的第一手理解，將為首要跨越的障礙，因為很少人瞭解，而這在核子輻射決策時尤為真實，因為對於一般大眾和為社會做決策者，描述核子輻射的字眼與觀念，讓人覺得高深莫測。擔心任何有關核子或輻射的事宜，深深印在大眾文化中，而且很少科學家專精這些廣泛的跨領域研究。

若要合理的決策，就需適當地揭露「害怕核子物質與輻射的真相」，也要有更多人瞭解其科學。這在當今更急切，因為新的危險（氣候變遷）影響整個環境的倖存，而不只是個人的生命。

各自與集體的意見

對於重大危險的決定，需要用各自的或集體的方式？許多生物專注於集體倖存，而罔顧個體，畜群即是例子，但人類不一樣，個人權利具有特殊重要性，就如對於社會與其倖存均要緊的集體協議。個體與社會之間的動態關係，就是人之所以為人之處。如果集體意見錯誤而導致威脅生存的共識，那會發生什麼事呢？則需重新檢討問題，若它大部分和科學相關，這就很困難了。

人們怎麼瞭解這個世界，與其之前經驗（例如，教育

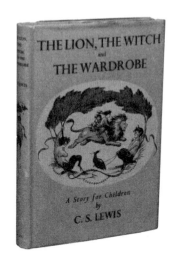

與教養）有關，即使他們對所看見事物的認知，也會受其經驗背景影響（過濾知覺與形成認知）。英國作家路易斯（C. S. Lewis）經由童書《獅子、女巫、魔衣櫥》（*The Lion, the Witch and the Wardrobe*，1950 年代的書，臺灣國語日報出版社曾出中文版）中的教授，勸告我們必須傾聽別人的證據、評估其可靠性與理智的程度，然後等待未來的發展。最近的科學報告 [2] 顯示，即使在今天，我們的親身體驗可經由暗示與臆測，而驚人地受到扭曲，就如古老的巫術的作用。

在現代物理學，也有人對不同表面的實況，出現強烈的質疑。

因此，現實是詭異的。這非哲學家的學術玩意，而是切身的問題，因為那是每天意見分歧之源。若不同的意見能夠調解，則行動計畫可以認同，而決策可成功與增加信心。因此，決策需要瞭解現實而可集體接納，此種現實的確認來自不同時間與不同人員的重複觀察，若預期結果真的成立，則才可接受。最可信賴的作法是，先以精確的數學預測，然後佐以科學觀察確認（雖然我們不一定能解釋，其中數學在此現實世界的關聯性）。另外，我們習慣於自己經驗的連續性與可預測性，但是這會朝不保夕嗎？並無

自然定律表明，明早我醒來時，我所知的世界仍然存在。難已經習慣每天早上農夫會來餵食，卻沒想到有天會被宰殺（雖然那是每天早上餵食的最後目的[2]）。我們需要隨時保持警覺，有可能我們的集體理解是錯誤的。以後本書會澄清輻射與核子科技的風險，也解釋多年以來的錯誤認知。

哲學家與物理學家可能會仔細考慮，是否存在平行多重世界的證據。有些人就跟著笛卡爾的思路，細看宇宙的哪些性質是必須的，怎會讓我們目前在這裡提出問題？這稱為人擇原理（Anthropic Principle），而有趣的是，若你接納其前提，則此原理會有顯著的後果。但是我們的任務不同，雖然在實務與格局上，是相關的。讓我們重新開放自己對輻射與核子科技的態度，以便協助回答以下這個更宏觀的問題：「哪種世界與生活方式的選擇，可能會讓人類未來會在這裡提問問題？」（其實，此種小格局的人擇觀點也是侷促的）。若找不到答案，我們現在所知的人類生活會從地球上消失。

信心與決定

舉個例子，好幾世紀之前，外出探險與運送旅客與貨物，依人們對航行的信心與安全而定。航海者需要注意觀察與商討結果、計算船隻的航程並據以航行；最後，船隻能抵達目的地，即表示上述的決策不只是出出意見而已。

---

2. 英國著名哲學家羅素（Bertrand Russell，1950 年諾貝爾文學獎得主）的話。

計算船隻的位置需要靠測量，也需參考太陽、月亮、星星的相對位置，加上地球磁場與潮汐等其他因素。導航的各式進步，帶來更好的世界通訊，並且，更精確的導航提昇人們的信心，導致更具野心的航行與更廣泛的貿易。相反地，每當人們對自然世界失去信心，人們的活動就被搁住而走向衰敗。

如果我們的觀察與認知不合，就需要協調，以便達到共識。但是對於各種人類的經驗，讓步是重要的，因為各人有選擇的權利。除非無可避免，否則我們不會為別人做選擇；而我們為自己決定時會依警覺而定。因此，均與安全顧慮有關，尤其在高度憂慮時更是。

輻射與核子科技的危險，一直是半世紀以來，公眾高度關注的事項；心存疑慮不安的主要是目前的中年人與老年人，至於年輕的一代，則因沒經歷過冷戰，就比較不在乎。可惜的是，在過去，許多科學家不關注長久以來的核子政治辯論；同時地，輻射相關的設施仍然受到超級嚴格的管制，雖然很少人體會其超貴的費用，也沒人因此而覺得更安全。在二十一世紀，大家關注的事宜已經改變了，主要是未來的環境變遷；源頭是初級能源的選項：我們需要在核子燃料（與其廢棄物）與石化燃料（與其廢棄物）之間做抉擇。

科學與安全

在古代，天文學者發現日食現象，就告訴當時的統治者，下次何時會有日食，這讓統治者大為驚嘆，而天文學

者的能力受到週邊所有人的景仰；因此，天文學者發現了科學知識所能帶來的影響力。今天，物理學與天文學讓人類能夠控制大部分的自然世界。在古代與缺乏科學的解析時，黑暗、霧、雷、閃電等，加上自然界的其他變化，往往衍生迷信與神干預的思維（甚至懲罰），這些感受抑制人們的自信心，也妨礙主動性和創新思維。

從十七世紀到二十世紀中葉，是人類以實證研究而克服未知與恐懼的科學啟蒙時代，經由普及教育、訓練、溝通等，人類得以促進繁榮，也提昇生活水準與健康。但是，仍然有許多人誤解自然界與科學，這樣子的生活並不妥當。

科學家也會誤解事物，但是持續的再測量、再思考、再計算等，就可發現錯誤而改正；就如舵手操縱錯誤時，經由類似步驟，也能改正錯誤。若沒做到這些，可能遭遇紊亂的遐想與恐慌，甚至喪失信心，則無法小心的觀察與冷靜的思維，更正錯誤的機會也減少了。

當人們預期會有威脅、看不到但知道那是致命的，亦即無法感覺到的危險，就讓許多人擔憂，甚至恐慌。舉個簡單的例子，在黑暗中，無法看清是否有危險來源時，人們可能莫名恐懼，直到燈光打開才釋然。這個案例具有教育性，因為給予人們所需的信心，例如提供諸如手電筒或火把等基本的工具，讓人親眼看到實況，就可安定人心。若只是告訴人們他們不應該驚嚇，則不是那麼有效。同樣地，徵詢人們對安全的看法時，如果他們不瞭解，則可能

讓人更遐想而不安心；這種作法無法做出對於每個人最有利的決定。其實，法規的約束也不會給人民實際信心，只有努力教育民眾，而在大部分人根據對議題客觀的瞭解後，才有真正的信心。

要讓船上者安心，船隻應該在正確的方向上，並且也要讓大家知道此事。安全的這兩層面（實際的和表觀的）並不一樣，但是同樣的重要。一旦達成實際上的安全，表觀的安全就是教育、溝通等廣宣資訊事宜。若表觀的安全比實際的安全更受重視，則真正的危險可能隨之而到，就如鐵達尼號上的旅客收到安撫，但實際上卻是大災難的開始。

第二章　大氣環境

大氣的範圍與組成

　　我們的環境包括地殼、海洋、大氣。經常影響我們的地殼深度約幾百公尺到約一千公尺，海洋也有類似的質量，但大氣的質量更少，而其有效高度可達約一萬公尺，其密度約比水少一千倍，因此，它就像地球上一層十公尺厚的水，比地殼或海洋質量的 1% 還少。因此，它容易受到污染；又因它由氣體組成，任何的污染很快地就散佈到全體去。

　　今天大氣的組成為 78% 的氮、20% 的氧、1% 的氬氣，加上少量的二氧化碳與水蒸氣。氧氣與水均具激烈的性質，但是氮、二氧化碳、氬氣等則比較安定，甚至完全不具反應性。直到二十五億年前，大氣中幾乎無氧，其濃度在太陽供給早期植物光合作用後，開始增加。此斷裂二氧化碳成為自由氧與含碳植物生命，對所有生命程序有如「將電池充電」。氧氣仍然是強力的化學物，在植物物質（不論石化與否）燃燒後，不但電池放電了，也在活細胞的相關氧化程序中為強力的化學物；這可以是良性的，就如糖的氧化提供生物的能量，但也可以是惡性的，就如氧化破壞細胞的程序，而導致癌症。幸運地，在演化的過程

中，生命找出保護自己免於氧化損傷的方式，能在大部時間有效保護自己。巧合的是，這些相同的保護機制，也同樣對輻射導致的損傷有效，就如後敘。

大氣變化

地球的平均表面溫度與大氣的組成密切相關，小量排放的污染會對大氣有相對大量的效應，個中原因在第四章時，將以地球對熱輻射的吸收與排放程度解釋。排放到海洋中的污染也會有環境效應，但是更稀釋的污染就不會直接對溫度有影響。就地殼而言，適當地掩埋的危險物質，將可持續保管幾百萬年。因此，要愛護環境，首先要善待大氣。

自從人類開始使用火，加上大規模經營農業，以提高生活水準，人類一直排放逐漸增加的污染物質到大氣中，不過，直到最近才開始體察該排放的效應與程度。

例如，大氣中二氧化碳濃度的增長顯示於圖一。曲線圖可粗分成三部分，圖左邊部分顯示過去十六萬年來的濃度，約在百萬分之 200～280 間起起伏伏，顯示當時世界（冰層）的二氧化碳濃度變化。圖中央部分（陰影）顯示，從公元前一千年直到工業革命（開始快速地增加人口與污染）前，濃度大約維持在百萬分之 280。接著，如圖右邊部分所示，二氧化碳濃度無情地上升；近來的資料顯示，在二十五年內增加百萬分之 40，而達最近的百萬分之 360。請注意到圖中這三部分的時間尺度。

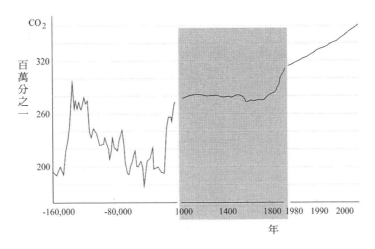

圖一：在三個不同的時代，大氣中二氧化碳的濃度。左邊：史前的變化（來自南極冰心）。中間：歷史資料（也來自冰心）。右邊：現代的測量（直接來自大氣）。

　　類似地，甲烷的濃度也是呈現快速增加的趨勢，其源頭是逐漸增加的燃燒石化燃料與濫伐森林，加上漸增的世界人口與其他動物，而讓全球的局勢更加惡化。這些氣體（二氧化碳、甲烷……）稱為溫室氣體，因為它們會導致平均世界溫度的上升，將在第四章說明。預期世界溫度的改變將是自我增強（惡性循環）的，其原因（與相對的重要性）還未明。

　　首先，大氣更溫暖時，其中的水蒸氣會自然增加；因為水蒸氣也是一種溫室氣體（如下述），預期將讓大氣溫度更進一步上升。

　　其次，隨著溫度的升高，極地冰帽融化而量就減少。若無冰雪反射，地球的表面變得較暗而增加吸收陽光。在

極地，額外的太陽光吸收會讓地表的溫度更上升。

第三，溫度上升時，以前保存與固定在永久凍土層的「深凍物」（植物等材料）開始腐爛和分解，排放出更多的溫室氣體（尤其是甲烷）。

當森林發生火災時，伴隨的溫度上升將排放更多的氣體。因為植物會吸收二氧化碳與排放氧氣，所以減少植樹與森林，將傷及二氧化碳的吸收與氧氣的排放。海水與植物的成長均可從大氣中吸收二氧化碳，但吸收的速度均緩慢。事實上，一旦排放出二氧化碳，要再吸收則平均約需一百年。因此，即使立即停止所有的排放，氣候變遷也會持續一世紀左右，才有可能穩定住。但若繼續排放二氧化碳，全球氣候會繼續暖化，則地球所能支持的人口會減少。暖化後，沙漠會擴大，可預期將造成廣大數量的人口，朝向更溫和的地帶移動。如上述大氣中二氧化碳濃度的趨勢，為了減少溫室氣體的排放（遏止當前上升的趨勢），我們必須找到足夠提供全球人口（能量與食物）的其他方式，並且同時實施所有可行的方式。

節省能源的方法包括審慎使用，另外是投資於新科技，例如，高效能的電源供應器和發光二極管（LED）。就產生能量而言，風能、潮汐能、太陽能、地熱、水力等，均可提供電力，而無溫室氣體的排放，但是它們存在地區性的限制，而各有適合與否的問題；另外，它們有些是間歇性的，有些則價格昂貴；宏觀而言，它們大致上有其限制，尤其是規模與配套。例如，間歇性的能源需要搭配能

量儲存裝備，但目前尚無容易的做法。又如，運輸用的能量也需要儲存，但是電池技術與氫儲存技術均不夠成熟，還需技術突破。

能量與農業

世界的人口增加，又要提高生活水準，則需更多的淡水與食物。生活方式的改變，從基本與主要是吃素的飲食，轉移到葷食時，就需要更多水。葷食的肉源之一為反芻動物，若其數量增加，則增加的需水量及其氣體排放量均很可觀。同時地，氣候變遷導致世界上許多地區遭受漸增的荒漠化與漸減的地下水供應。解決之道包括海中取水，因有大量的乾淨水可以從海水淡化過程中獲得，但是這需要相當多的能量。

在生產與運送過程中，有許多食物被浪費掉，解決的方式之一是傳統上使用的冷藏，但是這也需要供應能量，包括驅動冷藏與運輸冷藏組件時。其他保存食物的方式包括輻射照射，該方法不需要持續的能量供應，但因故卻很少使用。浪費食物和需要更多的飲食，將會增加更多農業用地的需求，這就導致更進一步的濫伐森林。

上述的現況，促使我們重新檢討輻射和核子選項，是否可作為（幾乎所有目的的）主要能量來源？

「能量」一詞這自經常出現在以下章節，也許該解釋一下其意義。能量以焦耳為測量單位，100 焦耳的能量表示供應 100 瓦燈泡一秒之量。能量是守恆的，亦即它不會

損失，只是在不同形式（有其限制）之間互相轉換，能量的形式包括熱、太陽光、化學能、核能、電能、水力、其他許多形式。

以瀑布攜帶的能量為例說明，同樣的能量可由大量的水掉落一小段距離，或小量的水掉落一大段距離。但是其間的差異可能是重要的，就像核子燃料與石化燃料能源之間有類似的差異，因為同樣的總能量，可來自小數量的原子，而每個原子釋放巨大的能量，或是來自大量的原子（或分子），每個原子（或分子）釋放小小的能量。前者為核能電廠的情況，而後者為石化燃料電廠的情況。以下章節所提「能量」一詞將表示每個原子的能量，需要特別提出的是，許多原子可能產生許多的能量，但若每個原子產生的能量較少，則產生每焦耳所需燃料的量與產生的廢棄物就會較多。

石化燃料的每個原子產生的能量比起核子燃料的小五百萬倍，如第三章註六的解釋，因此，要產生同量的電力，所需的石化燃料（與其廢棄物）為核子燃料（與其廢棄物）的五百萬倍，這是兩種燃料的關鍵差異。

第三章　原子核

他的大頭佈滿紅頭髮；

他的肩膀之間是一個巨大的駝背……

其腳巨大、雙手可怕。然而，所有的畸形下，實在是可怕的外觀，帶著活力、敏捷、勇氣……

「這是敲鐘人卡西莫多（Quasimodo），所有的孕婦要小心！」學生喊道。

「……噢，那猙獰的猿人！……其醜陋……它是魔鬼。」婦女掩藏他們的臉。

——法國作家雨果

（Victor Hugo，1802 ～ 1885）

強力的與有益的

雨果的小說《鐘樓怪人》（*The Hunchback of Notre Dame*）， 以上述的字眼介紹主角。雖然中世紀的巴黎市民厭惡他的醜陋，害怕他的力量，無人有意要找出他真正的本質。隨著故事情結的開展，敲鐘人卡西莫多顯示對埃斯梅拉達（Esmeralda，被定罪絞死在木架上的美麗吉普賽女郎）自

1952 年蘇聯紀念雨果的郵票

然的溫和與仁慈。一般人害怕他而不會去理解他，直到他盡力挽救埃斯梅拉達的生命。

那也是公眾對輻射的印象，就像卡西莫多被視為醜陋、強壯、危險。以其外表，讓人產生幾乎相同的恐懼和排斥反應。許多人不要靠近和輻射有關的任何事物，遑論去瞭解這樣的事。這是不幸的，因為人類的生存靠思索和理解的力量，則缺乏該力量對未來不是一個好消息。

以下的散文描述雖非數理推導，但是均根據科學，顯示輻射與原子核如何融入自然的物理世界。

大小尺度

若想宏觀輻射、放射性、基礎生命程序等的科學，需要寬廣範圍的尺度，包括很小的與很大的距離、很小的與很大的能量。其間雖然有差異，經由基礎科學，這些大小距離與能量相互關聯。

圖二提出這些空間尺度的概念，首先是圖二 a，為人的公尺尺度。粗略來說，每個人的生物結構就如細胞的大集合，而每個細胞的尺度約 10^{-5} 公尺，如圖二 b，雖然有些細胞很小而有些很大，這表示有些細胞以裸眼就可看到，但許多細胞則需要顯微鏡。細胞的功能有如尺度般各不同。每個細胞包含 70% 的水和許多生物分子。

圖二 c 描述生物分子的剖面，通常它們形成長鏈而在細胞內折疊，這些是工作蛋白質與雙螺旋去氧核糖核酸（DNA，上有遺傳密碼）。每個分子是化學原子的特定系列，簡單的雙原子分子，例如，大氣中的氧與氮，只有兩

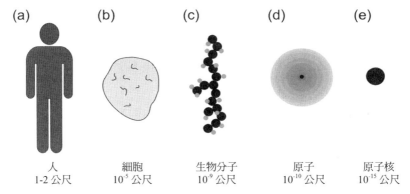

圖二：根據輻射與生命的互動，從人（到細胞、分子、原子）到原子核，可得到不同結構關係的尺度。

個原子。至於多原子分子，諸如二氧化碳、甲烷、水等，有三個或更多個原子，它們可以伸展、轉向和扭動，這使它們具有溫室氣體的特性。大的生物分子由成千上百個原子組成。

　　雖然有多種不同的分子，只有少數目的不同形態原子。分子的資訊與種類依這些原子的排列與其化學連結有關。生物分子由氫、碳、氮、氧等原子組成，再特別增加鈣、磷、鈉、鉀等扮演額外的角色。所有原子大小約略相似（只約一兩倍的差異），約 10^{-10} 公尺，亦即，每個原子約十萬倍小於典型的細胞，有趣的是，細胞小於人類的比數也是約略十萬倍。

　　圖二 d 顯示一個原子包含一個小小的原子核，被電子雲圍繞著。在此雲中的電子數稱為原子序 Z，此數單獨決定原子的化學特性。因為，原子整體地電中性，因此，原子核帶著與原子序 Z 相反的平衡電荷 Ze，但原子核與原

子之間的「社交行為」無關，因為核的尺寸十萬倍小於原子；巧合的是，原子比起細胞（平均）、細胞（平均）比起人體，也是這個倍數。所有型態的核大小相似，約為 10^{-15} 公尺。

我們怎麼知道這些原子與核，又如何發現它們的？

原子與電子

使用視覺和觸覺，我們認為大部分的物質為平滑和連續。有些物質呈現顆粒感，但顆粒各有不同，而非物質的基本特性，只有晶體與其高度規則表面透露出隱藏結構的線索。但古希臘人流西波（Leucippus）和德謨克利特提議「物質由原子組成」，並非真正根據觀察，諸如看到顆粒與晶體，主要原因在於他們並不認為物質可以無窮地分割（一直變小）。根據這麼粗略的說詞，難怪古時「原子觀念」並不受歡迎，而當時的知識界泰斗亞里士多德也不捧場。

直到十九世紀初，原子理論再度浮現，這一次確實根據觀察而提出，其背景是，純化學品參與反應（例如燃燒）時，它們之間呈現簡單整數的比例。雖有超過九十種不同的原子（元素），反應前後這些原子本身並不會改變，但它們的聚集（分子）關係會重新排列組合，導致新的聚集（分子），簡化而言，這就是化學反應。改變這些聚集後（重新排列組合），儲存的能量可能增加或減少，而當儲能減少而釋放能量時，該物質變得比較熱。

除非原子先熱起來，一些化學變化並不會發生，這可能導致失控的程序；事實上，物質變得更熱，就釋放更多

的熱量，這是不穩定的程序，這即為我們所知的火，其連鎖反應往往極具破壞性。早期人類學習如何控制火，用來取暖與煮食時，這是文明發展的關鍵階段。火帶來的改善生活，人類願意接納其風險。即使今天，我們已經花了許多經費防護其危險，但仍有許多人每年因為火災而死亡。即使如此，沒有一個文明會因為安全理由而禁火，因為火的優點遠多於其缺點。

但早期的人類學到用火的時候，並沒想到一些意外後果，例如，燃燒後的廢棄物為固體灰燼與氣體，後者主要是二氧化碳與水蒸氣，會排放到大氣中，一旦到大氣中，若溫度過低，水會在幾小時或幾天內凝結，成為雨的形式降下，但二氧化碳持續存在大氣中。直到最近，人類才開始體會排放此連鎖反應廢棄物（二氧化碳）的危險。不幸地，在史前時代，人類開始利用火時，並不知道會有這個危險。

但是後來發現，原子除了經由各種組合造成各種分子外，還有各種特性。十九世紀後期，因為玻璃與真空技術的進步，人類開始能夠製造低壓氣體的密封玻璃管，其內裝置正負兩電極間，若其一電極受熱後，電流就可在兩電極間通行。這些電流釋放光，而此技術為路燈照明常用的鈉和汞燈、使用當標誌的霓虹燈管、節能日光燈管。若完全真空，這樣的管稱為陰極射線管，即為今天我們熟悉的傳統電視顯像管（現在已經大部分被平板顯示器取代）。在科學實驗室，兩種早期基本物理發現是以陰極射線管完成的。

首先，電流流經陰極射線管時，是由微小質量的帶電

英國物理學家湯姆森

粒子流組成，值得注意的是，不論電極或氣體的原子組成是什麼，這些電粒子是同一類型的。這些粒子存在於所有的原子中，稱為電子，是1897年由英國物理學家湯姆森（J. Thompson）發現的普遍粒子。在電視管，一束電子撞擊管的正面，而照亮了不同顏色的螢光粉，「畫」成銀幕影像。

其次，若這些電子具有足夠的能量，然後撞擊金屬板，就會釋放不可見的無電荷輻射，這是1895年德國物理學家倫琴（Wilhelm Röntgen）所發現，因為對它高深莫測而稱為X光，其特徵為電中性、具高度穿透性，均與其源頭電子束不相同。很快地，醫療界（成像和治療……）開始賞識此輻射的穿透力。科學界逐漸瞭解電子、原子、帶電離子等的關係（例如，它們在電池中的作用），獲悉原來是中性的原子獲得或失去一個或更多電子後，就成為離子。

但是，將原子敲掉電子，只

德國物理學家倫琴

是減少一小部分（電子的重量少於原子的千分之一），剩下原子的組成或結構，還是讓科學家覺得迷霧重重。其實原子內部有許多東西等待發現。

法國物理學家貝克勒爾

核原子

原子會增加或損失電子，還有什麼特性呢？法國物理學家貝克勒爾（Henri Becquerel）在 1896 年發現原子的放射性，這是原子內部活動的首先證據。接著是法國居里夫婦的發現，他們找出一些重金屬元素的所有化學鹽類會釋放輻射，而其能量與「這些元素的離子狀態或其物理與化學狀態」無關。明顯地，此能量來自內部原子深處，而非圍繞的電子。經由小心的研究，居里夫婦[3]

居里夫婦

---

3. 科學界在 1895、1896、1897 年均出現相當意外的發現，而且來得很緊湊，不夠小心的實驗者可能會宣稱有新發現，尤其是所謂的「N 射線」，深具魅力，在甚多宣傳之後，被揭露其實只是並無此射線。

顯示，化學元素已經轉變，因此，每當具備放射性的原子核釋放輻射，就會產生新元素。科學家已經找出「阿伐、貝他、加馬」三種輻射型態，為何會有這些奇怪名稱呢？物理界往往以高深莫測的名字來命名新發現，因為（至少在最初），對其真實的特徵，沒有足夠的理解與知識來命名。後來，科學家發現，事實上，此三種輻射（阿伐、貝他、加馬）分別為氦離子、電子、電磁輻射[4]。

放射性原子很不穩定又很重，這讓科學家覺得納悶，不具放射性的普通元素，有何怎樣的結構？幾年後，英國物理學家拉賽福（Ernest Rutherford）經由實驗發現，對於每個原子，所有的質量（除了電子）與所有的正電荷集中在原子中心（原子核）很小的體積；這就是今天我們所知的原子，外圍繞著電子。此種結構似乎可與太陽和其太陽系行星相比擬，但其實不然，因為比例上差很多：太陽一千倍小於太陽系，但是原子核十萬倍小於原子。若暫時地，你想像自己縮小成原子尺度，從原子的邊緣看，原子核將太小而無法用裸眼看到。除了稀薄的電子雲，原子的其他部分很空洞。

英國物理學家拉賽福

---

4. 在第四章描述。

自從 1920 年代，量子力學讓我們對物質世界的的理解，有了根本的轉變，此理論精確地解釋，為何分子、原子和原子核有其結構和表現。最近，電腦的運算速度更快，對於更大化學的與生物的分子，將更可能擴展這些解釋與預測其性質。

　　以後會詳細解釋，核變化比化學變化產生更多的能量，例如，前者供應太陽釋放的能量，而為我們生命所繫。在宇宙歷史的早期，所有的化學元素由核變化形成，其源頭為原始的氫與氦（來自大爆炸後存留的）。但是，自從地球約在六十億年前形成後，只有百萬分之一的核經歷變化。集中在小範圍內，原子核的重量佔所有物質的 99.975%，剩餘的 0.025% 才是電子的。因此，核物質很普遍，但實質的核變化非常難得。

　　在 1930 年代早期，科學界發現每個原子核包含一些量的質子與中子。質子為帶正電核的簡單氫，中子為其無電荷的對應粒子。質子與中子在尺寸與重量上幾乎一樣，而兩者的性質差異來自不同的電性。元素的特性由其化學決定，亦即依圍繞電子的數目而定，電子的數目和質子的數目一樣，因此，確保原子的電中性。但是，一種元素可能以不同形式存在，稱為同位素，它們之間的差異在於每個所含的中子數目不同。除了質量不同，不同的同位素有相同的性質（除了在稀少的情況時，涉及核變化時才有差異）。它們的名字以元素名加上各自的原子量（質子數加上中子數），例如，鈾 -235、鉛 -208、氧 -16。

雖然原子的中子數對其外顯的性質幾乎沒有影響，原子核的內在結構與穩定性（包括它是否旋轉）則明顯地受到影響。事實上，每一種元素只有少量的同位素，其中只有一些是穩定的。最不穩定的同位素老早就衰變掉，而在自然界已經不存在。若核旋轉，其表現就像個小磁鐵[5]。在大磁場中，這些旋轉核傾向於像鐵屑或羅盤針一樣排列，它們的排列可以不需任何核變化的情況下，使用無線電波控制和測量，這稱為核磁共振（NMR），而為磁振造影（MRI）的基礎。在臨床術語方面，「核」字已經不用，避免此標籤可能導致憂慮風險的聯想。事實上，磁振造影中，一個核的磁能量約為典型化學能的百萬分之一。

　　在另一方面，於原子核中，典型質子或中子的能量相當大，約比電子在原子中能量（此為通常的化學能）大百萬倍；個中原因可由量子力學的基本理論而得。本章註六的簡單兩行計算，可得到約五百萬的倍數；即使更精確地計算（考慮核能比化學能強力的規模），此倍數並沒什改變。因此，粗略來說，對於每公斤的燃料與每公斤的廢棄物，要提供相同的電力，核能電廠比石化燃料電廠多百萬倍的能量。

靜態的核

　　在原子中，核的處境相當隔離。除了在無線電波影響

---

5. 每個旋轉電核表現就像個磁鐵，這是普遍關係。相反地，所有的磁鐵來自旋轉的電核。

下會旋轉（例如，在磁振造影中），它就無其他作為。在圍繞電子的深度護衛內，它可能被動地移動，但只當個惰性的質量。為何它無法更主動呢？是有些原因的。

電子與原子核的特徵均可由量子力學描述，例如，電子與原子核只存在某些狀態；對於電子，這些狀態的能量並沒分離得很遠，因此，原子的電子狀態經常改變，包括釋放或吸收光，也經常參與化學的或電的作用。但是核並無這些改變，因分離質子與中子需要更大能量（五百萬倍）[6]。因此，除非受到極端的能量，核可說「固定」在其最低狀態。

第二個理由為電子忽視它（除了電子與原子核之間的電吸引）。因此，電子自成一陣營，而質子與中子在另一陣營，各有歸屬；核心則維持在原子中央。

即使原子核不與電子有何互動，原子核內部是否缺乏互動？不是的，因為其中包含質子的正電荷，它們之間存在強大的互斥電力，迫使它們彼此分離；此作用就像彼此之間有強力的彈簧，這就需要許多能量，使它們能靠近到有效地互相接觸。

---

6. 依照量子力學，質子或電子在大小 ℓ 的區域，即有動量 P 值為 $\hbar/\ell$，此 $\hbar$ 為普朗克常數。另外，如果質子或電子的質量 m 與速度 v，則關係式為動量 $P = mv$，動能 $E = \frac{1}{2}mv^2$。因此 $E = P^2/2m = \hbar^2/(2m\ell^2)$。

使用此公式，我們可以比較原子中電子的能量和核中質子或中子的能量：此兩區域之大小 ℓ 的比值為 100,000、兩者質量 m 的比值為 1/2000。由上述公式，可知核能遠大於原子能（亦即化學能），其比值為 $m\ell2$，亦即約為五百萬。

以輻射照射時，原子核不會受到激發，除非輻射能量超級高，或輻射包含中子。若輻射為質子束或阿伐粒子，則因電性會被排斥而不會靠近核。至於電子束或電磁輻射也同樣無效，因為不會和核反應（除了電性），如上述。外界影響原子核導致改變的唯一方式是經由與中子碰撞。因為中子無電荷，不會被原子核排斥，而能容易地進入核內。但是自由中子不穩定，容易衰變，其半衰期[7]為十五分鐘，因此，在自然環境中很不易存在。

如果環境對原子核的影響很少，那麼相反方向（亦即，原子核何時影響環境）呢？就原子核獨自而言，若它不穩定，它所能做的就是衰變，因而釋放某些能量到環境中。環境中大部分自然生成的核均穩定，而不會釋放能量。至於一些自然形成而會衰變的核，此程序很緩慢也很稀少，這也是為何不穩定的核直到 1896 年才被發現的原因。大部分會衰變的核在形成後的幾百萬年內已經衰變完畢，那是距今超過六十億年前的事。

當原子核衰變，釋放輻射與剩餘核（包括其質量）的總能量，必須等於起始核（包括其質量）的總能量。這是因為在衰變時，能量不會損失，電荷也不會損失。同樣的道理，中子與質子數目的和（N+Z）為原子量 A，其總量

---

7. 在一群中子，任一中子的衰變在時間上相當隨意地發生，但是每個中子只有衰變一次。因此，剩餘的數目隨時間而自然減少，結果，這些衰變的速率也是隨時間而自然減少。若半數核的衰變為 T（稱為半衰期），則剩下的數目在每個接連的時間區隔，會一直減半，這稱為指數衰變，用來描述任何不穩定的原子與核。

在衰變前等於衰變後的總和[8]。表一解釋為何阿伐、貝他、加馬等衰變（首度由居里夫婦研究）符合這些規則。

表一：自然放射性阿伐、貝他、加馬等的通常型態，N 與 Z 為起始原子核的中子與質子的數目。

型態	剩餘原子核			輻射	
	中子	質子	電荷	形式	電荷
阿伐	N-2	Z-2	Z-2	氦 氦	+2
貝他	N-1	Z+1	Z+1	電子	-1
加馬	N	Z	Z	電磁	0

在阿伐衰變，剩餘原子核的中子與質子減少二，而釋放一個阿伐粒子（四個核的氦離子）。在貝他衰變，中子釋放一個電子，而變成質子（以維持電中性）。有個第二型的貝他衰變，質子轉變成中子與正電子，這樣的衰變在核子醫學很重要。事實上，在所有的型態的貝他衰變，也釋放另一粒子，稱為微中子（neutrino）。但依本書的目的，我們對微中子輻射沒興趣，因為它會消失，而沒存放任何能量或導致任何損害[9]。

在核分裂衰變，原子核分裂成大致相等的兩半，也釋放一些額外的中子。這樣的衰變在自然界很少發生，即使放射性同位素（本就稀少）亦然。但是，在人工環境中，原子核吸收一個中子，就可方便地與快速地產生核分裂，

---

8. 電荷與能量守恆定律深深地植根於物理學的原理，雖然原子量 A 的定律為根據經驗。

9. 微中子很少有作用，它們直接穿過太陽或地球；經過科學界五十年的實驗，我們已經相當瞭解它。

此誘發的核分裂程序需要供應這樣的中子流，例如，在核分裂反應器內即有。每個核分裂更進一步釋放中子，而可被其他核吸收，因此建立起中子誘發連鎖反應。這就像化學火，由其自身產生熱刺激引起。至於原子核狀況與化學火的不同在於，目前明顯地，很少核物質是「可燃的」（不像六十億年前），而其「核火」很難點燃。

提供給太陽的能量

太陽提供能量驅動生命與環境的所有需求，若無太陽的能量，則地球只剩下內部釋放的放射性能量少量熱，來提高地球溫度，地球表面將低到負 270°C，此為恆星間的空間溫度。

回顧地質歷史時期，石化燃料就如化學電池，在某一地質時期吸收太陽能，而在另一地質時期放出。對於人類而言，問題就在於這些電池是幾百萬年的充電期，但人類在一世紀就放電完畢。

自古以來，太陽為熱與光之源，難怪被人類崇拜為神；古人所知有限而選擇這麼厲害的東西為神，實為明智之舉。今人需提的科學問題是，太陽從哪裡取得其能量？若是來自化學之火，在約五千年後，應已用盡燃料，但它卻已一直發亮百萬倍更久。太陽由氫與小量的元素氦[10]組成，

10.「氦」（helium）這名稱來自太陽的希臘文。在地球上氦氣少，但在太陽上則豐富，科學家就是在太陽上發現氦氣的。它是很輕的氣體，在地球上逃逸向外到大氣中；事實上，就是因為這種特性，人們用它來充填遊戲場與聚會時的氣球。幸運的是，有許多氦氣足以供應充氣與其他用途，來源是地殼岩石天然放射性原子釋放阿伐輻射後的產物。

但是沒有空氣或氧去支持氫的化學燃燒。

　　實情是，太陽能量的來源是核能，太陽為巨大的反應器，內有氫經由核融合而「燃燒」形成氦，其能量遠遠多於化學之火所能提供，讓太陽足以繼續照亮幾十億年。此核融合反應只能在太陽的中心發生，該處溫度達到百萬度。就如化學之火必須由某熱源點燃，以便反應繼續進行，要點燃核融合之火，氫原子必須給予足夠能量，當它們正面碰撞，就核融合在一起。在低溫時，因為相互的電排斥，它們相互反彈而沒接觸。太陽表面溫度 5,800°C，但越往內部溫度越高，靠近中心溫度高到足以發生核融合，其作用已為科學界熟知。靠近太陽的中心，釋放的能量逐漸向外而到太陽的表面。

　　太陽每秒「燃燒」六億噸氫，但只反應產生 59,600 萬噸氦，亦即有 400 萬噸神秘地消失，但產生衝向各方向（例如到地球上來）的能量流。太陽產生能量 E 的速率與其質量 m 消失的速率有關，如上述，每秒四百萬噸質量消失，則可用此方程式 $E = mc^2$（c 為光速）算出產生的能量。有時有人提議核子物理與愛因斯坦的相對論有特殊的關聯，其實不然。各種能量與質量的關係就是以此公式計算，因此，一公斤質量相當於 $9×10^{16}$ 焦耳，或說約為 $2×10^{10}$ 千瓦小時；此能量非常巨大，但消失的質量很少，只有經由核融合產生巨量能時才會注意到這麼少質量的變化。在此氫融合成氦的個案，其質量的變化剛好低於 1%。此巨量的太陽能量通量在輻射向外時逐漸散開，當它抵達地球時，

其能量為舒適地溫暖（「每平方公尺 1.3 千瓦」）。

　　舒適地？好像是。這樣的核能能源值得現代人的尊重，就如古人般。但是長時間暴露在太陽輻射下並不明智，大部分人會採取理性的態度，享受適度的曝露於陽光，而不期待可以完全消除曬傷或皮膚癌的風險。塗抹防紫外線的防曬油和限制暴露的時間，我們就可享受溫暖的陽光（比紫外線波長更長的部分）。在陽光射線下，沒人尋求絕對安全，否則人們夏天渡假時，會尋求躲在地下全暗處。就像與火和平共存，人類已經學會與太陽和平共存，享受其福祉與避免其危險。在此兩個案中，直接的教育與簡單的規則有其效用；類似地，對其他種類的輻射採取類似的防護心態將可造福人類。

第四章　游離輻射

輻射頻譜

　　好，精確而言，到底「輻射」是什麼？最簡單的答案是「移動中的能量」，而且有許多種。例如，陽光、音樂、水面上的波。在低能量時，許多相當無害，甚至對生命有益。極端能量時，在幾乎所有個案，會導致傷害，就像很吵的音樂會傷害聽力、太多陽光導致曬傷。然而，一點點的陽光確實對皮膚有益，因為會促進重要維他命的產生。類似地，不會太吵的音樂可能有益的與讓人喜歡的。

　　這裡有個重點，溫柔的音樂並不會對聽力導致一點傷害，而是一點傷害也沒有。若與過度吵鬧的聲音導致的傷害相比，可知健康效應並非成正比例。在術語上，此關係稱為非線性，而為後續章節的重要觀念。在音樂與聽覺傷的關係方面，非線性是明顯的，但對於其他形的輻射，區分「成正比例的反應」與「非正比例的反應」，就需使用實驗數據，也需深入理解其中的科學，以正確解讀發生的實況。

　　大部分從太陽來的輻射，以電磁波的形式過來，這包括光與廣大頻譜的其他部分。每個這樣的波包括交織在一起的電場和磁場，它有頻率與強度，就像聲波具有音高和音量。我們對電磁波的理解可追溯到十九世紀英國物理學家馬克斯威爾（James Clerk-Maxwell）的研究，他根據法拉第與其他人的研究而發揚光大。對於任何波，移動的速率等於頻

英國物理學家馬克斯威爾

率乘以波長。因為速度為常數（固定值），各波可以波長或頻率標記。

例如，在收音機（無線電接收器）上，一些電台以其頻率（百萬赫茲）標示，其他的則用波長（公尺）標示。兩者的乘積為無線電波的速度（每秒三十萬公里），與光一樣。

波是如何接收的，大致上由頻率（而非強度）決定。例如，無線電接收器選台時，是依其頻率而非響度。就像聲音，有些頻率是人類耳朵聽不到的；對於光，有些頻率是人類眼睛看不到的。事實上，只有一小頻率範圍的電磁波是可看到的。整個電磁頻譜顯示圖三，使用頻率的對數座標，包括範圍超過十的十五次方，而頻率（赫茲 Hz）顯示於第二欄（每秒振盪數）。第一欄顯示相對應的波長。具有彩虹色彩的可見光在圖上斜線區。重點是這些波（從無線電波到光到 X 光）之間並無重大差異，只是頻率不同。在最高頻率（最短波長），十的次方變得難適用，而改用第三種常用的標示「電子伏特」（eV）[11]。顯示於圖三右邊，以十的倍數（M 表

11. 電子伏特等於 1.6×10^{-19} 焦耳，這在原子中為有用的單位。氫原子中的電子能量為 13.6eV，而典型的核子能單位為百萬電子伏特（MeV）。

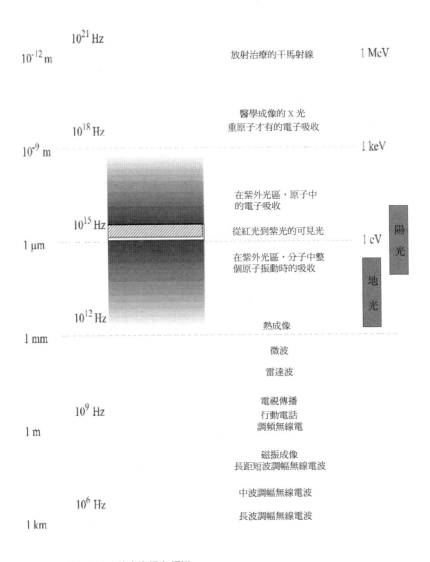

圖三：電磁波的頻率頻譜。

百萬倍、k 表千倍）呈現 [12]。

　　經由人類有效地使用這些其他頻率，已經帶來許多的日常生活福祉 [4]。圖下方為無線電波直到 109 Hz，例如用在磁振造影以檢查人體內部，也可用在雷達以便濃霧與黑暗時辨識船隻飛機。稍高頻率為熱像（thermal imaging），用來辨識意外埋下或故意掩藏的溫體。可見光頻率下方為「紅外線吸收帶」，為圖中陰影區。在這些頻率上，許多物質是不透明的，因為分子的旋轉和振動，與電磁波合調共振。可見光之上有個「紫外線吸收帶」，在這裡，它是更靈活的原子電子與之合調和吸收的原因，因此，在這裡物質也是不透明的，以陰影標記。

　　至於更重的元素，電子更受緊密束縛，具有的紫外線吸收帶，比輕元素的延伸到更高的頻率，這是 X 光的頻率範圍，在這裡，諸如銅與鈣等金屬吸收輻射，但是碳、氫、氧等為透明的。以輻射照射病患的牙齒或骨頭（鈣），其醫療影像清楚地顯現任何斷裂或疾病，因其包圍組織（碳、氫、氧）是透明的。

　　原子的電子約超過十萬電子伏特後，即使是那些受到重元素最緊密約束的電子，無法快速地移動以跟隨振盪波 [13]。因此，並無共振，而所有物質大部分是透明的，此區域稱為加馬射線區。歷史上，X 光與加馬射線的區分與來源有關，

---

12. 英文 k（kilo）表一千、M（mega）表一百萬、G（giga）表十億。

13. 在如此高頻率，輻射較不像波，而更像射線或粒子。在量子力學，此區分無實質意義。任何頻率 f 的電磁波，帶著能量束，稱為光子，其能量 $E = hf$（h 為普朗克常數）。每個原子或核衰變時，釋放這樣的能量束。

分別為電子與原子核。但此區別是誤導的，因為其效應與來源無關，只與其能量（或頻率）有關。今天，改變名稱的切分點約在十萬電子伏特，但此區分其實只是慣例。加馬射線深具穿透性，而只是稍微被吸收，這就是為何它被用在放射治療，深入病患體內將能量瞄準癌症腫瘤。然後此能量由腫瘤吸收，足夠強度時就可殺死腫瘤細胞而不再作怪。在實務上，此程序有些困難，如第七章所述。

輻射導致的損傷

因此，瞭解光與頻譜其他部分的輻射，加上其相關的應用，將助益生活。但這些輻射的風險何在？電磁頻譜可在約十電子伏特處，切割成約略兩半，更高頻率的輻射或能量稱為游離輻射，以下的部分則稱為非游離輻射；此區分在於游離輻射能能將分子游離，並將分子斷裂，亦即，本書主要討論的輻射。

公眾對非游離輻射（其能量較低，例如來自電線或手機）的顧慮，其實是錯誤的。此種輻射能導致損傷唯一方式為熱作用[14]，簡言之，若不覺得熱，這些輻射源是安全的；即使有熱，其福祉可能大於任何合理的風險。太陽或家中用火所帶來的溫暖，均來自同種類的輻射，就如微波爐中的。雖然微波爐中的輻射確可能是危險的，寒冷冬天的發光火所釋放的熱，對於大部任人，為相當可接受的輻

---

14. 此重要陳述可經得起檢驗，但是無線電波與微波對活組織的效應，已為科學界知悉，而科學界也已廣泛使用無線電波與微波，例如，使用在磁振造影，其劑量為安全地低於發生顯著熱作用的程度。

射危險源，即使我們確可感受到其熱。

　　但在非游離輻射，仍然有個關鍵的環境影響。圖三右邊有兩個方塊，標記為陽光與地光（earthshine）；諸如太陽，很熱的物質釋放光（在可見光區），但較冷物質也會釋放光，主要在紅外線區。標記為陽光的方塊代表太陽釋放的頻率範圍，因為這是集中在可見光區，經過大致上透明的大氣層，此輻射大部分抵達地球表面，造福大家（包括植物）。事實上，陽光也包括紫外線與紅外線，紅外線提供溫暖，紫外線則造成曬傷（若沒擦拭防曬油、若非小濃度的臭氧存在於大氣層上層）。標記為日光的方塊代表較低溫度的地球表面釋放的輻射頻率帶，但並非所有的這種輻射能穿出大氣之外，因為紅外線會被多原子氣體吸收[15]，尤其是二氧化碳、水蒸氣、甲烷。 大氣中包含許多的這些氣體，地球無法像吸收陽光一樣有效地排放，繼而冷卻自身，因此，能量被困在大氣中，而其溫度就升高。粗略來說，這就是溫室氣體效應的原理。若這些氣體的濃度上升，地球變得更熱，氣候就會改變。一個顯著的例子就在身邊：金星大氣中有 97% 的二氧化碳，這是它表面溫度高達 460°C 的部分原因。

　　就像電磁波，諸如阿伐與貝他輻射等帶電核粒子束也能損傷分子，因此它們被歸類為游離輻射；中子束與其他離子束亦然，雖然這些在自然環境並不常見。

---

15. 諸如氧與氮，只有兩個原子，各不振動與旋轉（如大部分多原子分子，具有許多內部移動模式），因此它們吸收不多。

核穩定

到底核衰變怎麼發生的？或者到底一開始怎麼將它們弄在一起的？質子之間相互的電斥力使得大原子核比小原子核更不穩定，穩定性只來自吸引相鄰質子與中子在一起的核力，核力遠超過電斥力，但只在約 10^{-15} 公尺的短距離，因此，質子與中子可以擠靠在一起的小核就比較有優勢。結果是傾向於不會太大也不會太小的權衡，亦即導致如圖四的核穩定曲線。最穩定的原子為曲線最高點的核，它們具有最緊密平均束縛力，這是在鐵（原子量 56）的地區。

雖然量子力學顯示，大致相等質子和中子數的原子核較有利，但破壞性的電力使得太多質子的核不穩定。結果是：

所有穩定的核（除了最大的核），有約略相等數目的質子與中子，因此，鐵（原子序 26）有三十個中子。如圖四所示，原子量更小時，核力的束縛力效應就會減少；在

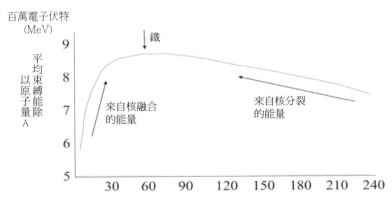

圖四：每個質子或中子的平均束縛能，它與原子量 A 有關。

原子量數較大時，電效應的破壞影響就會增加；這兩因素的任一種就會減少束縛力。在鐵之上，妥協就有利於中子超過質子的核，因為破壞力只作用在質子上。因此，例如，最豐富的鉛同位素鉛-208，其質子數 82，但中子數 126。超過鈾（原子序 92），即無自然界產生的元素。超過錒（原子序 89）的元素統稱為錒系元素。

此曲線顯示，原則上，小原子量的核能融合在一起，而釋放能量（來自核力），如圖左的箭號。這是核融合，這是包括太陽等恆星的能量之源。另外，原則上，大原子量的核會經由分裂（釋放能量），而移向更大的穩定度，如圖右所示。這是核分裂[16]。因為諸如鉛，母核比核分裂後的穩定產物，有更多額外中子，所以核分裂程序會釋放多餘的自由中子。釋放這些額外的中子對於核的連鎖反應，為其持續的關鍵因素。

實際上，核分裂很少見。較常見的是阿伐衰變，亦即，重核分裂為氦與較小的核，這是大部分的地殼中自然放射性能量的來源，事實上，這就是天然地熱發電之源。在阿伐衰變，沿著圖四曲線向左移動，核能的釋放來自每次四個單位的原子量。原子量減少時，導致中子的比例偏多，因此需要減少，而以貝他衰變進行，其核內一個中子衰變，釋放出一個電子，而產生一個質子留存於核中（核因此增多一個質子）。

---

16. 需分辨的是，在核分裂，釋放的是儲存的電能。在核分裂程序，強核約束力的能量被吸收而非釋放。

表二：四個不同的初始放射性系列與其領頭者、半衰期（$T_{1/2}$）、
收尾者。在此，半衰期的單位以十億年計。

	4n 系列	4n+1 系列	4n+2 系列	4n+3 系列
領頭者	釷 -232	錼 -237	鈾 -238	鈾 -235
半衰期	141 億年	0.02 億年	45 億年	7 億年
收尾者	鉛 -208	鉍 -209	鉛 -206	鉛 -207

　　重核的天然放射性包括一系列的阿伐與貝他衰變，在
核沿著穩定曲線移向較低原子量（圖四）時，其能量會釋
放出來。有四種分明的核衰變系列，依其原子量為 4n、
4n+1、4n+2、4n+3 而定，n 為整數。在每一系列內，核可
能衰變，經由逐一接續的阿伐或貝他衰變。每個系列有長
半衰期的初始開頭者與相當穩定的收尾者，如表二。4n+1
錼系列已經從自然界消失了，但其他三種在天然環境中仍
然活躍。4n+2 系列的各接續成員，其衰變與半衰期如表
三，即為例子。

表三：鈾 -238 系列（原子量 4n+2 系列）的成員。

元素 - 原子量	質子數	中子數	衰變	半衰期
鈾 -238	92	146	阿伐	45 億年
釷 -234	90	144	貝他	24.1 天
鏷 -234	91	143	貝他	1.17 分鐘
鈾 -234	92	142	阿伐	24 萬年
釷 -230	90	140	阿伐	7.7 萬年
鐳 -226	88	138	阿伐	1,600 年
氡 -222	86	136	阿伐	3.82 天
釙 -218	84	134	阿伐	3.05 分鐘
鉛 -214	82	132	貝他	26.8 分鐘
鉍 -214	83	131	貝他	19.8 分鐘
釙 -214	84	130	阿伐	164 微秒
鉛 -210	82	128	貝他	22.3 年
鉍 -210	83	127	貝他	5.01 天

| 釙 -210 | 84 | 126 | 阿伐 | 138.4 天 |
| 鉛 -206 | 82 | 124 | 亞穩（長久但非永遠） | |

量測輻射

要實際說明游離輻射不同劑量對人體健康的效應，就必須測量劑量，但實際上是怎麼做的？

定量輻射暴露的第一步是測量，看看在暴露時，每公斤生物組織吸收多少能量，此能量會斷裂分子，可能導致化學傷害，接著是生物（細胞）傷害，最後是臨床上的傷害，例如，癌症或其他疾病。但在實務上，這些臨床傷害很難和輻射暴露相關聯（歸咎病因），主因是當傷害可能有多種不同的表現方式，檢測到傷害的時間點又是長短不一，從幾天到幾年均可能。

幾十年前，細胞生物學很粗淺，無法提供像樣的解釋，也缺乏適當的輻射效應證據，可證實某一特定的觀點。在缺乏更佳知識的情況下，判斷的方式就是經驗法則，此為當時的科學作法。這就是線性無閾值（Linear No-Threshold，簡稱 LNT）模式，它假設臨床傷害與輻射能量劑量成正比，從零劑量點起的線性關係。當時缺乏證據，但總是個合理的操作假設；在知識貧乏的時代，還是要有個起頭。

但是，今天情況迥異，現代的生物知識相當豐富，人類資料紀錄也眾多，線性無閾值模式實在落伍，其中諸多過份小心的思維與限制，應該要放棄；以後章節會討論其細節。首先，回到放射性的定量和物質的輻射能量吸收問題。

放射源放射能量的速率依「放射性核的數目 N、衰變的能量、核的半衰期 T」而定。每經過一段時間 T，N 值就減少一半，平均活性與 N/T 成正比。放射性以每秒的衰變數而定，稱為貝克（becquerel，簡稱 Bq）。有時，放射性以每平方公尺貝克數計算（Bq m^{-3}）。

　　因此，實務上這是什麼意思？遭遇放射性核種污染時，短半衰期者導致短時間內的有高活性。若是以更長半衰期者而達到同樣污染時，就導致更低的活性，但時間拉得更長。各種元素的半衰期可短到遠小於一秒，或大到地球年齡的許多倍。因此，短半衰期的放射性污染源消失時，更長半衰期的放射性源可能繼續存在。此現象和大部分化學污染物相反，諸如重金屬汞或砷的污染為永遠的危害。有個稍微不一樣的情況是，游離輻射能量劑量來自加速器（例如，X 光機）產生的外在能量束，或來自外在放射性源時，兩者略有差異。

　　不論如何，重要的問題為：物質中的輻射被吸收之前會跑多遠？一些輻射在空氣中或任何薄物質中全被吸收，而不會到達人類組織（除非放射源在皮膚上或在人體內）。另有一些輻射，被吸收得很少，而能穿過人體。因此，重要的不是輻射的強度，而是吸收量，例如，每公斤人體組織吸收量[17]。人體吸收的程度依輻射的種類和能量（或頻率）而定。

---

17. 若輻射只是穿過而不積存任何能量，就必是無害的，例如前述微中子輻射。

即使空氣也能擋住阿伐輻射，因此，衰變能量積存在很靠近放射性污染源上，稍向外即無劑量。一個例子是放射性同位素釙 -210，會放射高能量但短距離的阿伐粒子。2006 年於倫敦，據說俄國間諜使用釙 -210 謀殺其同僚里祕南科（Alexander Litvinenko），其大量劑量全在他的體內釋放，因該輻射就近作用，因此，受害者身體組織上受到全部的輻射能量劑量。

貝他衰變產生電子，比阿伐輻射更具穿透力，因此，在放射源向外的積存能量劑量更發散。加馬射線穿透力更強，因此，若說岩石中有放射源，則全部的阿伐輻射和大部分的貝他輻射就在岩石內吸收掉，而只有加馬輻射跑出岩石外。一般而言，積存能量劑量以「每公斤物質（例如病患組織）吸收能量的焦耳數」計算。每公斤吸收一焦耳稱為一戈雷（gray，簡稱 Gy）。通常劑量以毫戈雷（千分之一戈雷，簡稱 mGy）測量。

積存輻射導致的傷害，經由幾個步驟發展：

1. 輻射導致立即的分子紊亂。
2. 生物細胞受到傷害，生物組織因輻射劑量而隨時間改變。
3. 因為暴露於輻射中，也許幾十年後，導致癌症（和其他可能延遲或遺傳的效應）。
4. 因為癌症而導致預期壽命減少（這種預期壽命的效應，稱為受到曝露的「輻射損害」）。
5. 因為急性輻射病症，產生細胞死亡與一些重要器官

正常生物週期停止，受到暴露後不久會有死亡機率。

順序 1-2-3-4 和 1-2-5 描述兩個會導致一生持久的後果，以下討論這些後果如何與起始輻射劑量相關聯。

癌症有其他與輻射無關的肇因，其中有些（可通稱為「壓力」）是天然的，其他的來自生活方式（選擇）。經過多年的研究，我們相當清楚這些壓力怎麼和癌症的發生相關聯，事實上就是傷害如何發生。因此，重要的問題是，若壓力來源多於一個，會有何後果？這些壓力來源可能相當獨立，就如抽菸與輻射，但是結果未必是（可能交互影響）。這是尚未解決的問題之一。重點是剩餘的不確定範圍太小，而不會妨礙人們現在做「在有效安全內如何利用輻射」的決定。

對於單一急性劑量，人體所受的損傷與劑量大小和輻射形式有關。例如，在同樣能量劑量（以毫戈雷計）時，不論 X 光、加馬射線、或電子，其效應約略相同。但是，對於其他形式的游離輻射，生物損傷就不同了。定量而言，相對於加馬射線，測量到損傷的比值稱為「相對生物有效性」（relative biological effectiveness，簡稱 RBE）。因此，某一輻射劑量的相對生物有效性，表示其導致臨床傷害多於同樣的加馬射線（毫戈雷數）所導致的。基本上，這些相對生物有效性是測量到的值。

相對生物有效性因素依臨床療效指標（癌症或其他病症）而有所不同。注意到效應的時間很重要，如後述。輻射型態的變異雖然不是太大，但特別有趣。在本書中，對

於大部分輻射安全的實際應用，我們需要注意其倍數（十倍、百倍、千倍）。若相對生物有效性接近一，則表示比較不重要。只有在放射治療時，輻射效應需要精細地平衡，但此時通常使用加馬射線，因此，相對生物有效性之值就是 1.0。所以，為了簡化討論，在第一個例子，我們明智地忽略相對生物有效性因素。

可是，國際輻射防護委員會（International Commission on Radiological Protection，簡稱 ICRP）認為多少需要考慮相對生物有效性，因此，在他們的輻射安全標準中，他們將每一能量劑量（戈雷）乘以權重因子 wR，它是個汎用平均相對生物有效性值，例如，對於質子，其值訂為二；若是阿伐粒子、核分裂碎片、其他重離子訂為二十；若是中子，依能量而定；電子和光子訂為一。其結果是，他們定義為「等價劑量」，單位是西弗（Sv）或毫西弗（mSv）。

因為一開始就忽略相對生物有效性，我們將劑量的測量值「毫戈雷」與「毫西弗」視為等同，以後在特別需要描述不同型態輻射如何導致輻射傷害時，會解釋其區別。

這些能量積存（和等同劑量）的測量，適用於單一急性暴露。但如果劑量分攤於某個時間長度（一系列重複暴露、或連續慢性暴露），則可觀察到細胞所受的傷害會不同。為什麼？若為慢性而非急性輻射暴露，則會導致怎樣的輻射傷害？一次許多毫戈雷相對於每天（或每年）連續幾毫戈雷，會有怎樣不同的效應？這不是個簡單問題，因為「劑量」和「劑量率」為很不同的量度，請翻閱第七章。

自然環境

　　英國民眾所受輻射劑量率依地點而有小差異，平均值為每年 2.7 毫西弗，其輻射源的細目如圖五綜合所示。

　　標示為「宇宙」的輻射來自外太空。「氡氣」和「加馬」的表示附近諸如水、土壤、岩石等自然放射性源物質。「體內」表示人體內自然發生的衰變輻射。人為暴露的主要來源是「醫療」，至於所有其他的人為輻射少於0.5%（平均）。

　　太空來到地球的游離輻射包括電磁輻射、質子、電子。一些帶電粒子輻射來自太陽，太陽黑子的爆發磁場即為其加速器。在地球的大氣層上方，輻射導致游離化，而其放電就是我們看到的北極光。能量低的帶電粒子就被地球的磁場偏轉，但在地磁北極處則不會，因此可看到極光。大氣層上方增加的游離化影響衛星與無線電通訊。發生磁暴

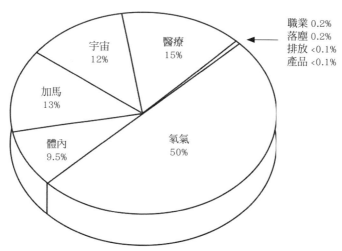

圖五：英國民眾平均每年輻射暴露（個人總量每年 2.7 毫西弗）的來源 [5]。

時，就增加游離化。這些現象不影響人體健康，而其游離化輻射不會到達地面。

宇宙輻射也包含質子，來自太陽系之外（甚至銀河之外），其能量更高。它們在大氣層上方會遭遇核子撞擊，有時創造出中子，撞擊大氣上方的氮核，形成多人熟知的碳-14同位素。雖然每年總共只產生7.5公斤，卻足以維持自然界生物圈中碳-14的比例（兆分之一），這就是「放射性碳定年法」的基礎。此同位素的半衰期為5,700年。亦即，動植物死亡時，停止從空氣中或享用其他生物組織中以補充其碳，其濃度就開始下降。因此，測量其濃度就可算出生物的年齡。有名的例子是都靈裹屍布（Turin Shroud）、1991年發現的阿爾卑斯山冰人（Ice Man，西元前3,300年）、偽造古威士忌酒瓶。

來自外太空最具能量的質子，產生甚多次原子粒子，大部分會衰變或被大氣層吸收。最後抵達地面的是介子（muons[18]）流，這就是圖五的宇宙射線。在海平面，於極地，此劑量約每年0.6毫西弗。若在赤道地區，因為地球磁場的保護（將射入的質子擋到外太空去），其量只有三分之一。因為大氣層的吸收越少，地面上越高處，輻射就迅速更增多。

非常久以前，輻射遠比現在更強。遠在一百三十八億年前，宇宙始自瞬間爆炸（「大霹靂」），當時環境正由今天粒子物理學家模擬，在現代研究加速器中小規模研究

---

18. 介子為不穩定的次原子粒子，具有重電子的特性，半衰期為1.4微秒。

中。爆炸後幾分鐘，溫度下降到足以讓氫核與氦核出現。但是，直到三十萬年後，溫度仍高到電子與核還無法結合。更冷切後，熱輻射變成非游離輻射，氫與氦原子開始出現。

接著幾十億年後，銀河與恆星形成，其過程包括巨大星球中的核融合，因而創造了今天我們見到的較重原子（此專門術語為「核合成」）。緩慢地，宇宙開始穩定下來，旋轉恆星的附近形成行星系統，其組成為核灰燼塊，經由重力而成球形。行星間碎塊與較大的行星與其衛星撞擊，如果行星與衛星上缺乏大氣層的阻擋，就會在其表面留下隕石坑。

這些約在四十五億年前發生，當時地球正在形成中，而情況變得較穩靜下來。來自來自熱恆星的游離輻射仍然以熱輻射方式抵達地球；也有部分來自宇宙其他地方的特別加速過程。

此時，在核合成時期，經由四種放射性系列（如表二）創造的核種，正持續衰變中（雖然錼系列早已沒了，而其他三種仍在進行中）。地球的地殼存在許多釷，在重量比值上，約百萬分之三到十；鈾 -238 則為百萬分之 1.8~2.7。這些值依岩石的形成而異；海水中有相當量的鈾礦，因會溶解於水，釷則不然。所有天然鈾礦中，目前鈾 -235 與鈾 -238 的比值為 0.7%，此值的變化很小，因為此兩同位素的物理與化學性質幾乎相同，而其相對份量除非經由衰變，否則不會自然地變稀薄或濃縮。木頭、水泥、玻璃、金屬等，或多或少均有放射性，因為它們含有天然放射性

同位素。高度精製的物質可能因為經過特殊程序而沒有放射性，但那很少見。

一些原始的放射性核種並不在這四種放射性系列，其中最豐富的是鉀-40，半衰期12.7億年。經由貝他衰變而成為鈣-40或氬-40，兩者均為穩定物種。鉀為地殼中常見的物質，重量比佔2.1%，但在海水中則為0.044%。其常見穩定同位素為鉀-39，最為普遍；不穩定的鉀-40則只佔一小部分（0.01117%）。鉀對生物體內的電化學很重要，而在人體內的重量約為0.15公斤。諸如碳-14等的其他放射性同位素，半衰期較短，也存在於環境中，均來自宇宙射線的撞擊而產生。因此，成人體內的碳-14和鉀-40每秒產生7,500次放射衰變，每年的這些體內劑量為0.25毫西弗（請參見圖五）。

二十億年前，這些核的輻射和今天的一樣多，例外的是鈾-235在自然鈾礦的比例更高；事實上，其值可經由其半衰期（請參閱表二）計算，而得當時天然鈾礦中的含量為3.5%。今天，一些核分裂反應器使用人工濃縮到3.5%濃度的鈾燃料，配上普通水當冷卻劑與中子緩和劑，以便維持穩定的核連鎖反應。二十億年前，這些濃縮燃料與水，天然地存在，因此，在適宜情況下，類似的核子反應器可能自然發生。清楚證據顯示，確實曾發生過，就在西非的加彭（Gabon），此天然核分裂反應器名為「歐克陸反應器」（Oklo Reactor）[6、7]，自然發生了持續一百萬年。這是幾十年前發現的事，當時科學家就在山脈表面，發現

相對豐富量的鈾-235，而此區域的鈾礦藏特別豐富。科學家計算發現，丟失的鈾-235是在天然核子反應器中消耗掉的，而反應後的核分裂產物仍存留在原地，這倒很有意思，因為該反應器並未被除役，或動用昂貴經費將它們埋在特別挑選的地下貯存場，殘餘的鈾燃料和核分裂產物在原地靜靜地躺了二十億年，這充分顯示核廢棄物的貯存可經歷極長的時間。

諸如水、土、岩石等物質含有放射性物質而放出輻射，到達外在環境中的主要形式為加馬輻射和氡氣，因為大部分的阿伐和貝他輻射均被吸收了。氡為缺乏化學活性的惰性氣體家族一員，其他成員包括氦、氖、氬、氪、氙。氡-222的半衰期為3.82天，而在鈾-238系列形成（表三）。此放射性氣體排放到空氣中之後，可由呼吸進入肺部，而受到吸收，經阿伐衰變成為釙-218，此非揮發性同位素，會繼續阿伐衰變下去。此阿伐輻射的範圍短，而其所有的能量會存積在肺部中，因此，對於居住和工作地方排放氡氣的人，氡氣就是個顯著的健康風險來源。圖五顯示，在人類平均受到的輻射中，氡為一大來源（50%）。事實上，在一些地區，依當地地質而定，氡氣的劑量甚至可大到五倍或更多。第七章將討論一個重要問題：此顯著差異是否反應到當地的肺癌發生率上？

第五章　安全與傷害

> 萬物均有毒，關鍵在劑量；其多寡即成毒物或療劑之分。
>
> ——帕拉賽瑟斯（**Paracelsus**）
> 醫生與植物學家（1493~1541）

成比例的效果

我們似乎住在因果世界，未來要發生什麼事就由現在發生的事決定。若每個原因的元素決定其自己的效果，則這種因果關係最容易追蹤。在數學物理上，這樣的原因與效果之間的關係稱為「線性」。事實上，線性是個相當基礎與簡單的觀念，不需高深數學就可理解。

讓我舉個簡單的例子，若你在賣蘋果與梨子，我付你的錢就依我買的蘋果與梨子數目而定，通常，算法是每個蘋果的單價乘以蘋果的數目加上每個梨子的單價乘以梨子的數目。這就是線性：多買一顆蘋果的價格並不依我已買的蘋果（或梨子）的數目而定。但情況可能不同。你可以說，買了第一打蘋果後，每顆均半價。或說除非我也買蘋果，否則梨子更貴。或說，你給我錢買第一打梨子，再買就要我付錢。這樣的收費方式就是非線性，而現代的超市，深諳個中三昧，以便吸引顧客多買。

測試是否線性的正規方式為重疊原理（Superposition Principle），若總費用等於單獨購買每個蘋果與梨子的總和，則其定價為線性的。若線性適用，則總費用對蘋果數目作圖將是一條直線；但反過來說，不見得成立；若作圖的蘋果斜率，依梨子的數目而變，則定價為非線性。

　　現代物理學處理的許多現象為線性的，或幾乎是線性的。事實上，若我們能分解問題為一些單一事件，然後將這些單一事件的效應加總起來，而其結果仍然正確[19]，則這個世界就很直接方便了。這就是為何通訊與音頻系統好處理的原因——其關係為線性的，方便由輸出信號反向處理與重建輸入信號；例如，欣賞音樂時，弦樂器與管樂器可分別聽出。就因為線性原理，我們可解量子力學問題。光波和無線電波也因而可交叉通過而無任何效應。若某一電視台發射的訊號影響所有其他電視台的，就不是線性了，也就沒啥用了。類似地，若我們注視的目標被我們不注視目標所發出的光影響，這也不是線性。幸運地，光和電磁的性質均非如此。線性世界就像樂高玩具世界，在科學上方便研究，因為它由各自的塊狀物組合而成。

　　但並非所有的原因導致的效果，是以線性方式獨立進行，例如，社會行為就是，就像人們在一對一時的互動方式，不一定符合他在群眾中的行為，因此，又如大部分的

---

19. 近代物理學的描述，應用了諸多近似，又稍改數學的解釋，目的均在將問題變成線性，如此一來，問題就比較容易解決與了解。

經濟活動為非線性的。非線性也存在於物理學中，例如，流體亂流時的情形即是。

我們之前曾經解釋，怎麼假設劑量與傷害的關係為線性的（線性無閾值模式），現在我們質疑，此線性假設正確與否？以下將解釋，有些資料適合重疊原理，有些則否。但由我們對當代生物學的瞭解，此線性假設並不切實際。我們研究科學要瞭解發生於生物層次的情況，而非將資料套在直線上或曲線上。類似的事情發生於早期的行星科學，科學家拋棄「地心論」（地球為宇宙的中心），而採用哥白尼的理論（地球繞著太陽運行），其真正的原因很簡單：地心論努力要配合資料，但其計算缺乏簡單解釋。

要分析非線性系統是可能的，但不像線性系統那樣簡易。再借用上述的蘋果與梨子例子說明，若我接受「買一送一」或「若買梨子就可送一磅蘋果」，我可能買得滿意，但我說不出蘋果多少錢，因為這個問題沒有簡單的答案。

線性關係表示各原因之間彼此獨立（不會互相影響）。重疊原理包括兩個問題，若 A 導致 α，而 B 導致 β，則 2A 導致 2α 嗎？而且 A+B 導致 $\alpha+\beta$ 嗎？只要任一非真，則該關係不是線性的。我們之前已舉「對不同音樂聲音的反應」例子說明。因為線性讓運作更容易，就使用線性關係看待問題是危險的。十六世紀初期帕拉賽瑟斯（Paracelsus）的話（本章開頭的前言），是更務實的，他瞭解任何作用或劑量帶來的災害（或福祉），往往不是線性的。用藥的某個劑量，到底會導致有益或有害，就要靠實驗證據。

俗話說：「再好的東西也不應過量。」這個觀點的另一端或許是，一點點不好的東西也許無害，甚至有些益處。

權衡風險

對於單獨的個人或集體的社會，生活中充滿選擇。任何選擇總帶著某種程度的風險，因此需要平衡利弊得失。圖六顯示使用游離輻射治療時的兩種選擇，病患被診斷出罹患惡性腫瘤時，就需在「癌症可能的發展」與「放射治

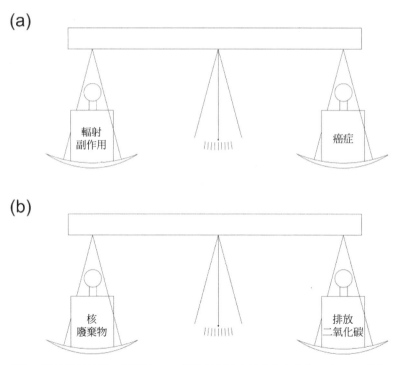

圖六：游離輻射情況下的選擇。(a) 權衡放射治療效應與癌症的風險；(b) 權衡核廢棄物與排放二氧化碳的風險。

療（若非其他療法）與其副作用」之間做選擇。即使有醫生的指引，兩選項均有致命的危險。但是，若選擇放射治療通常可導致生命的延長，雖然其治療劑量相當高。至於怎麼選擇，這是個人的決定。

我們的社會需要集體決定，到底要選擇「使用核能與其產生的廢棄物加上對輻射風險的認知，因而減少氣候變遷的衝擊」或「避免任何輻射效應，使用石化燃料，而產生大量的溫室氣體效應」？雖然流行的觀點為，兩選項似乎勢均力敵，而又包含不確定性；但是科學界對於游離輻射的危險性已有頗多研究，而且大部分的事實均已知。氣候變遷則為較新的難題，又有些層面需要釐清。我們已瞭解主要的問題，也必須決定，不能再等待了，身處危境的人類需要下注了。

古代的羅馬人不知瘧蚊在傳播瘧疾的角色，但會將義大利的沼澤弄乾，結果是瘧疾減少了。類似地，英國維多利亞時代，對流行病學無所知，卻會在倫敦建立公共污水渠和供應乾淨的水；他們採取明確的作法，雖不知其因果關係，倒是控制了傷寒和其他疾病的散播。關於放射性污染與游離輻射對生命的影響，我們現在的瞭解是比維多利亞時代人對水污染的傳染病所知還多。

我們不是在談個人的決定，因為氣候變遷和輻射暴露與污染的風險廣泛地影響大眾。若將危及他人，我們通常比只對自身有危險，會更保守地評估風險。現在要比較的是兩項全球公共風險，就不能再保守地沉默，不管使用任

何程度的預警，就要均等地對待此兩選項。採用保守或極端的方式，目標均在較少風險的選項。這是我們唯一的問題，答案不在於「以預警之名」而謹慎。

在一些國家，政客暫時支持擁護核能發電政策，而在一些其他國家，核能發電仍然被政治排除在外，甚至立法禁止。在每個地方，領袖與投資者需要知道民眾是否支持核能發電。他們不能裁定公共意見，但需要相當多民眾（已經研讀過證據、質疑過、自有意見）的支持。以下章節即為此而提供證據。

我們要比較的是，作為大規模產生能量的方式，到底要使用燃燒石化燃料或核分裂？兩者均包含連鎖反應過程，因此，若缺乏謹慎控制，兩者均是危險的。兩者均產生廢棄物而需處理。但因燃燒而排放的**化學能比核能小五百萬倍，若要產生同樣的能量，前者的燃料量就需後者的五百萬倍，而產生的廢棄物量也是同樣的倍數。在石化燃料方面，所有的廢棄物排放到大氣中**[20]**。但在核能方面，所有的廢棄物均被保存住，因其大致上為重的非揮發物質**，就可安全地深埋在地殼中，保存千百萬年就像歐克陸（Oklo）反應器的個案 [6、7]。但是民眾卻擔心這些廢棄物可能導致輻射、污染、與癌症，以下兩章我用全世界最佳的證據仔細回答這些問題，但是首先我們先宏觀地看看人類如何趨吉避凶。

---

20. 除非捕捉住，但雖為好事，但觀其規模則知在技術上相當不切實際。

保護人類

在最基本層次，人類以生物演化的方式自保。人們通常不知自己有此種微觀方式的機制，保護自己免於異物侵襲。這些保護相當廣泛，而不限於某一特定異物的威脅。

接著，在第二層次的保護，就像其他高等動物，人類使用學得的習慣和法則，經由上一代傳承下來，這也包括社會同意的法律與規定，此層次的保護來自人們被動地學得與遵守，但未必瞭解原因。

但是人類尚有獨特的保護方式，就是根據觀察與理解（不論是科學與否的判斷），快速而理性地決定。以教育的方式，人類將此判斷力交接給下一代，而此教育方式並非靠死記硬背學習，也不是模仿別人，而是理解與找到新答案[21]，這樣子人類就比其他動物更快速地適應環境。

達爾文在 1859 年出版《物種起源》（*Origin of the Species*），書中描述地球上的生物如何發展出來，物種如何演化以適應環境壓力。經由天擇，生物對壓力的反應達到最佳化，因為能自保的才能生存。不管這樣的設計是否有目的，它總是有用的。但是，在壓力的模式改變時，可能會出問題，因為許多個體可能在選擇最佳倖存的方式時死亡；物種可能存活，但是有些個體則否。天擇過程可能需要經過許多代（才明顯），因此，若物種各代是短命的，

---

21. 不幸地，媒體經常將教育稱為記得事實的能力，但是，教育應該專注於理解，而將記住事宜留給最稱職的網際網路。

就會呈現有利的改變；否則，在快速變化的壓力時，反應就比較慢，天擇的效應也比較少。

今天，我們知道達爾文的觀念從細胞層次到生物整體層次均適合，因為細胞代謝的週期很快，遇到疾病與威脅時，在細胞層次的免疫反應可提供快速的保護，但並非所有威脅是在細胞層次。

經由被動學習，動物教導其後代如何趨吉避凶。北極熊引導其小熊，在假想戰鬥中嬉戲。孩子之間的模擬戰鬥與手足間的競爭，其實是為後日的生活先作演練，因為屆時評估別人的反應變得很重要。孩子的劇場主題往往是魔術和簡單的欺騙；觀眾席中，孩子看到舞台上，壞人從主角的後方逐漸趨近，就會喊「他在你後面！」從小，孩子就在恐懼與知識的交互中，學得憂慮和興奮。他們學得觀看與警告或採取行動（雖然可能不舒服），而不是躲開舞台上的戲劇。他們在現實生活的生存能力，依他們平衡這些影響力的程度而定。大部分的遊戲與娛樂在教導他們適應想像的風險。

孩子看啞劇的反應顯示出，生活中最大的危險在於看不到的。原則上，我們看到危險也許就能評估而規避。無影無蹤的危險則只能想像，但若想像失控，信任就崩解，結果反而我們會對其實有利的事物感到疑慮。想像力是鬆散的大砲，無目標的發射，可能會摧毀它想保衛的事物。因此，我們要瞭解看不到的事物，同時，控制想像力。

如果我們提供的教育方式為強調傳統與集體規則（共

識），則這只是簡單的教育，我們並沒提供最佳的導引，這在情況變化時尤甚。重要的是，個人需要具備主動思維與想像的能力。丹麥名作家安徒生的童話書《國王的新衣》教導孩子和其他人重要觀念：學習相信自己所見的證據與傾聽自己的判斷，而非別人所說的。童話中，虛榮的國王與阿諛奉承的朝臣接受大眾的說辭「國王穿著華麗的新衣服」，觀眾中的小男孩喊著國王並沒穿任何衣服。因此，教育的重要目標應為鼓勵大家挑戰人們接受的意見。

人類的表現可比其他生物更佳，他可應用其知識與對科學的理解，以便研究相當新奇的災害，也找出全新的行動方案：全在一世代內完成，比宏觀演化過程還快速與不浪費。因此，如果一世代的時間不長，就不再會是優點，但更好的方式為，以加長教育開始的較長生命期。這樣子就可讓社會上的年輕一代獲得最多的智慧與科學知識。不論這是怎麼轉變的，「生命歷程更長、世代交替更慢」為近世紀以來，人類改變的方式；因為教育，個人和物種均能快速回應變遷的環境。只是人類整體是否能改變得過快，以便回應氣候變遷，則還未知。

損傷與壓力

組織受損的概率是否和外來的壓力成正比關係？這是個廣泛的問題，我們需要在回答「游離輻射劑量所導致的壓力」特定個案前，看看其他例子。

讓我們先想想純粹力學個案，例如橋樑，它是否健在

與它所受到的壓力有關，而橋樑如何抗壓？此壓力可能來自來往的車輛交通、來自天氣的風吹雨打的侵襲等。若橋樑設計與維修均妥當，當大風加壓其上，它會略有變化；等風吹過了，它就會「反彈」為原來形狀，因此，沒有持續的傷害，這稱為彈性反應。英國人虎克（Robert Hooke）在十七世紀首先觀察到，暫時地因壓力而引起的伸縮量和壓力成正比，因此，這種線性力學反應就稱為「虎克定律」（Hooke's Law）。

但這還不是壓力引起多少反應的全部。因為如果風吹得非常厲害，橋樑可能受損，亦即，金屬受到永久性扭曲，纜線斷裂或支持橋墩破裂，則在大風過去後，橋傷無法完全恢復，除非經過修補，否則橋一直受損。簡單的圖可用來顯示受到某壓力時的損傷，這樣的曲線稱為壓力損傷曲線，或稱壓力反應曲線。在橋樑這個案，它可能依循類似圖七（b）的曲線，在低風力（壓力）時，並無永久位移（損傷），如圖左平直部分，標示為回復。但在風力超過「閥值」時，陡然上升曲線部分表示永久損傷急速增加，直到超過某個風力時，橋樑斷裂。

工程師的任務就是設計橋樑，使其閥值在預測風力強度範圍內，因此，在「正常」情況下，橋樑不會受損。工程師也許沒有設計所需的完整資訊（例如，未來的風力強度），但他會在設計中加入安全係數（也許三或四倍）。但是，若使用相當大的安全係數，可能使得造橋費太昂貴，他需要在額外費用與減少風險之間妥協，因為在世界上，

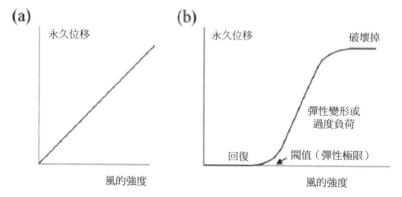

圖七：橋樑可能的壓力損傷圖（a）線性；（b）非線性。

有限的成本下就沒有絕對的安全。（事實上，即使成本是無限的橋樑，也沒有「絕對安全」。）

當然，橋樑可能不會在任何扭曲後後回覆原狀，則壓力損傷曲線將為直線，則其壓力損傷曲線會是直線，類似圖七（a），但是大概仍然具有某極限（對應於完全損壞）。這種壓力損傷關係稱為線性無閾值。但是我們若仔細觀察，就知通常橋樑不會這樣，其他的結構也不會。圖七（b）的非線性S形狀[22]為橋樑安全與健在的務實情況，圖七（a）的簡單線性關係則不然。

在其他的例子，壓力損傷曲線的回復部分牽涉到明確的修補，此為需要「修補時間」的過程。就拿裂傷和瘀傷當例子好了，這樣子的身體傷害通常在幾週內回復正常。更嚴重的裂傷可能留下復原的疤痕（即使身體明顯地回復到其原有的所有功能），疤痕可能一直存在，而在日後成

22. 此形狀有時稱為「雙彎曲形」（sigmoid），而非稱為「S形」。

為醫療抱怨（美容等）的源頭。在更極端的情況，裂傷會導致永遠失去功能，或甚至死亡。則此壓力損傷關係就像橋樑的，如圖七（b），有一段是無長期損傷而能完全回復、另一段是部分長期損傷、第三段為永遠失去功能。

修補的時間到了

修補需要一些時間，如果在完成修補前，又受到壓力，則增加了「越過永遠受損閾值」的風險。相反地，「線性無閾值」理論認為任何生物體受損後，缺乏修補機制，生物也不會演化導致自保。但在生物學上，那很不可能，除非近代科學研究數據和演化結果明確地另有所指（均錯了），否則「線性無閾值」理論並不正確。

對於非線性反應，重要的問題是：圖七（b）曲線的形狀仍適合修補或「回饋」[23]的情況嗎？修補時間要多久？若要造成永久的損傷，則閾值是多少？在橋樑的個案，修補就是明確維護工程的過程。若能定期檢查與維修，則使得橋樑永久受損的情況，就只有當兩次檢修之間的總損傷效應超過閾值。修補可彌平損傷，例如，重整磚塊水泥、換掉彎曲的支柱、上漆保護新元件等。若保持定期維修，則橋樑應可使用相當的時間，這就是機械與結構能夠繼續安全使用的作法。橋樑只在維修期間累積的傷害超過關鍵閾值時，才會造成永久損傷。

---

23. 有些人假設，若不是線性，就應該假設為二次曲線、或線性加上二次曲線。其實並沒理由這樣假設。

上述並不是在描述新奇的科技，只是在講普通常識。但是當我們以正確方式看待，上述就是真實的情況。從安全觀點看，橋樑的設計和維修構成單一系統，其特徵就是修補時間與損傷閾值。若修補期間的壓力累積量超過閾值，就會造成永久損傷；但是如果壓力均攤於更長期間，就不會造成累積而超過永久損傷的閾值，因為定期維修會消彌傷害。

整體劑量

設想一群人受到某種壓力，又假設「線性無閾值」理論成立。如果圖七（a）直線的斜率為 K，則每個人的損傷就是 K 乘以每人所受壓力。使用加法，全部人所受總損傷就是個人所受壓力乘以 K 的總和。因為我們要瞭解整群人總和的風險，最簡單的作法就是測量壓力的總和（稱為整體劑量），然後由此值乘上 K 而得總損傷。這樣子的演算相當簡單、容易。從管制的觀點，所需要的是加總所有的整體劑量，乘上 K，就得到整體損傷（或稱風險評估）。

對於輻射，可用上述的方式獲得整體劑量；明確而言，就是加總「所有人的等效劑量」（「西弗」數），這就是國際原子能總署（International Atomic Energy Agency，簡稱 IAEA）所訂 [8，第 24 頁] 的基本方法（不言而喻）：

> 因為某個作為或輻射源，所導致輻射暴露的總影響，和「人數與各自所受的劑量」有關。整體劑量的定義為「不同團體成員各自受到的平均劑量乘

以其人數，然後加總起來的值」。因此，可用此值來描述該作為或輻射源的影響。整體劑量的單位是「人─西弗」（man-Sv）。

（註：有趣的是，國際原子能總署在 2009 年 2 月 10 日與 4 月 17 日之間移除此網頁，也許該署不再認為該定義不言而喻、或者正確。）

但總損傷（或危害）和以此方式決定的整體劑量相關嗎？因為如果生物組織對輻射的反應不是線性時，上述引用結論的第二句，就不會成立。此時，不適用整體劑量，若使用會導致錯誤的結論。在下一章，我們就可知道其答案，但是首先，讓我們看看其他一般的例子，有些和整體劑量相關，有些則是無關的。

加工金子後，金匠可能在掃起地板上的灰塵與金子屑屑時，覺得有錢財損失而心疼，他開始評估損失的金子，不管多或少，加總起來（整體劑量），乘上金價（K），就可算得錢財損失。在此例子，「線性無閾值」理論成立，因為失去的金子沒有再生的機制。

但是，如果存在修補機制讓「線性無閾值」理論不成立，則使用整體劑量就會算得錯誤的答案。則依此匯集整體劑量就大有問題，因為會弄得相當錯誤的風險評估。舉例來說，人失血後會引起怎樣的風險？就像金子，血很珍貴；成人體內血液量約五公升，若一次失去這麼多血，就會致命。若一群人在事故中失血，則明顯地，若人越多，每人失血也越多，則事故越嚴重。我們可能會想要定量地

加總全部血液損失，以算得整體劑量（人－公升）。若「線性無閾值」理論成立，則事故的後果將由整體的劑量決定。因為個人失血五公升時會致命，則事故致死的有效人數可由失血的總量除以五而得。但是該觀點形同指認捐血會導致死亡，因為這一來，若每人捐血半公升，則十個人的總和就如同一個人死亡。

為何在上述案例，使用整體劑量加上「線性無閾值」理論，就會得到荒唐的答案呢？關鍵點在於，健康者會在某時段中，好好處理失血，使得損失得以修補。但是使用整體劑量時，就忽略了修補。每個成年人損失半公升後，可在幾週內補足，而沒有任何風險。因此，經營順暢的捐血中心內，總損失量一百公升的血，是常有的事（若是來自兩百人捐血）。在一年內，五十人損失一百公升也不會產生不良的後果，雖然此量由二十人在短時其內損失可能導致死亡個案。可知，若有修補，就不是線性，但使用上述的整體劑量評估，卻會導致荒謬的結論。採用整體劑量，則再怎麼數學計算（例如使用二次方程式）均會弄得錯誤的分析，因為修補機制就是會把整體劑量弄得失效。

劑量（或壓力）可以是急性的或慢性的，若我們已知單一急性劑量的反應，也知道修補時間，則合理評估定期重複或慢性劑量，就可做得到。在捐血的案例中，如上說明，每幾個月捐血半公升並不會導致危險。但是，在修補期間內，任何額外的捐血將會有累積效應。我們可以用公式表示：如果單一急性劑量導致損傷的閾值為 A、修補時

間為 T，則慢性或重複劑量率導致損傷的閾值為 A/T。修補時間越短，慢性劑量率導致損傷的閾值就越高。現實情況更複雜，也許修補程序不只一個，修補時間也可能超過一個。

安全餘量

我們設計諸如橋樑等會承擔負荷的結構時，通常會考慮安全餘量值，例如，四倍的安全餘量值。自然界似乎也運用相當寬的安全餘量，例如，在個人失血的個案，因為安全壓力值為半公升，而致命壓力值為五公升，因此，安全餘量為十倍。

另一例子是，體溫變動會導致生命的風險；人類穩定體溫的方式呢？通常可以用血液循環與流汗的冷卻效果以平衡代謝作用。我們激烈運動或輕度發燒時所導致的體溫變動，通常約攝氏一度，而不會導致永久的損傷。但是若體溫變動為兩度或更多，就會有潛在的嚴重性；通常在高燒後需要休養期。在另一極端，體溫增加二十度或更高，會導致細胞熔融與失去功能。總之，若暫不管細節，有一些回饋機制會穩定體溫，而其「從開始損傷到致命之間」的安全因素也是某個相當的值。

當然，上述的安全因素並沒精確定義，但它們約落在同一範圍。重要的是，在生物界就如在橋樑的設計，使用超高的安全餘量值會導致浪費資源。大自然是平衡風險與資源成本的專家，而人類若學其本事就可處事妥當。因此，

在游離輻射方面，怎樣的安全餘量是可接受的？以後我們將討論此問題。

多重原因

我們大致熟悉，病患因某一壓力而身體不健康時，若同時再加上另一壓力，則會更傷身，而且那比分開在不同時段分別受到此兩壓力更嚴重。但是如果身體的回應為線性的，則所有壓力的效應就是加總；另外，即使由不同的人經歷這些壓力，整體劑量的效應將是一樣；這些均不符合事實，因為實際上為非線性的反應。再用我們前述的蘋果與梨子例子，非線性的反應表示若加買梨子，蘋果的價格就不同。

醫學界已經發現，若同時感染瘧疾與愛滋病的死亡率，比單獨分別染病的死亡率高 [9]。這表示線性作用不成立，而對世界衛生有重要的意涵。瘧疾與愛滋病兩者無關，但是均損及免疫系統，而此系統有個閾值（超過會致命）。但是我們不必瞭解其中機制才得以體會，這就是非線性的效應。愛滋病導致的死亡與瘧疾導致的死亡不能分開後而加總，就像在定價是非線性時，蘋果的定價和梨子的定價不能分開後而加總。

一般在醫療系統中，經歷超常壓力事故後，治療病患時，通常需要恢復期，在此期間不要再受到壓力。通常，在簡單個案時，此調養期約一週左右。因為這段靜養期，長期損傷就可減到最少；之後，在正常功能時也許會再遭

遇壓力。因此，這是典型臨床修補期的量度。這是熟知的普通常識，而非新科學，但卻和「線性無閾值」理論不相合。

　　年紀變化後，大致上，受到壓力而引起的損傷閾值，不論是累積傷痕效應或保護免疫的喪失，就會變低。細胞替換的快速修補程序與快速康復期，均變得緩慢。

有益的與適應的效應

　　壓力一詞似乎隱含其反應總是負面的，但實際上未必，就如前述帕拉賽瑟斯所言。某個劑量的藥可能導致有利或有害的效應，關鍵在於劑量。

　　撲熱息痛（paracetamol）藥的效應，是個簡單但多人熟悉的個案。一個人一次服用一百顆藥會致命，但若分給五十個患者，將不會導致死亡，反而可有正面的健康效應。在毒物學上，此非線性反應為正常的特性，例如，我們可以畫出如圖八（a）的劑量損害曲線。在某個劑量範圍時，損害為負值，代表此劑量為有益的，但在更高劑量時，將是有害的，或甚至致命的。

　　人類演化的歷程不只決定無變化的壓力損傷反應曲線，也提供了追蹤過往壓力模式（因為反應曲線會改變）的能力。例如，劑量反應關係可能依之前壓力的模式而定，如圖八（b）曲線所顯示。經歷低劑量可能讓人發展出容忍高劑量的能力，此非凡現象首度在 1796 年由英國醫師金納（Edward Jenner）發現，他讓人注射溫和劑量的疾病（牛痘），就可大大增進他防護更劇烈劑量的疾病（天

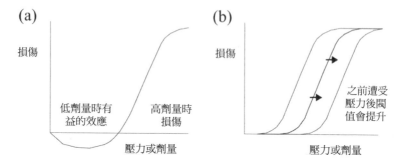

圖八：損傷依劑量而定的圖（a）在低劑量時呈現有益的效應；（b）因為之前受過各劑量的關係，閥值會增加，表示劑量反應有助於適應。

花）。這方面的科學稱為免疫學，這是在細胞的層次，經由選擇動力學，免疫讓人快速適應；在這樣的個案中，個人不知他正在接受免疫防護。

　　但尚有一種我們意識知道但不在細胞層次的快速適應。就用橋樑的例子來解釋，到底發生啥事讓橋樑斷裂呢？在缺乏想像力的世界，工程師可能不加思索地，隨便選擇一座沒壞的橋樑，直接複製改建。在此個案，回應時間就是在環境變化時，重新設計建造橋樑的時間，它將會是長的，而為橋樑自然生命的時間。但上述的作法不會發生於現代人的世界，因為橋樑斷裂後，首先就是調查其原因；2007 年 8 月 1 日，美國明尼蘇達州明尼阿波利斯（Minneapolis）跨州第 35 號橋樑斷裂後，人們的反應是個貼切的例子：二十四小時內，所有錯誤設計的面向均受到檢討 [10]，提出設計的修改、重新考慮維修與檢測程序、建造與測試各式模式等，由此學到的教訓就用到類似設計

的其他橋樑。這是智慧引導而產生的主動思維過程,則所有這類橋樑的健在,均受到此快速適應回應之福。

許多生物從事某些形式的教育,因為只有這些傳承有益習慣給下一代的物種,會增進存活的特性。但是以傳統和死記硬背的改變相當緩慢,這需要短生命期與隔代期間,以加速對改變的反應。若是植基於瞭解的快速認知適應,則就不同了。這需更長與密集期間的教育,因此,最適合世代交替慢的長生命期。其特色在於適當的大學教育,教導學生獨立思考,而非反覆背誦學校教導的事實與公式。

適應行為減少風險,我們可在相當多元的組織結構中看到此種例子。例如,北愛爾蘭在 1970 和 1980 年代遭遇的困境,當時醫院湧進許多傷亡,需要優質的整形手術,結果當地的手術團隊發展出超好的手藝,當時,只要需要整形手術,就知要到北愛爾蘭。當然,此例顯示任何要求嚴格的活動,經過確實訓練的功效。孩童需要練習過馬路;開車者需要學習協調思維能力與所需的「在適當的時間操作」與「隨時下判斷」。若要安全開車,就得練習開車與經歷其中的壓力,但是此種訓練的關鍵因素在於思維。

人類具備此卓越的能力而得以生存。新興的氣候變遷而產生的危險,正迫在眉睫,為了應付,我們需要調適我們的生活方式,這包括達到平衡地評估所有相關的危險,又警覺地注意到我們目前對任何危險的評估,也許不正確,因為許多人認知的「輻射對生物的效應」即為例子。

被車諾比嚇到

1986 年 4 月 26 日，烏克蘭車諾比核能電廠第四號反應器爆炸，現在我們知道到底發生了什麼事，就如經濟合作與發展組織核子能總署（OECD/NEA）、國際原子能總署（IAEA）[12]、世界衛生組織（WHO）[13] 等的研究所示。蘇聯建造反應器的穩定性不佳、缺乏安全圍阻體；而其無經驗的操作團隊不瞭解他們所做危險測試的後果；結果，輸出功率突升，導致水冷反應器產生超熱蒸氣的過多壓力，接著，結構頂部被炸開。反應器爐心暴露於外界環境後，發生進一步的化學爆炸與火災。因為過度高溫，一些爐心物質上升到上層大氣中，然後傳送到長距離。擴散的物質包括所有的揮發性放射性碘，加上許多更輕的核分裂產物。比較不具揮發性的重元素，例如，鈾與鈽，就會留在反應器中，或散在附近。

蘇聯的事故因為當局對後續的發展處置不當，而弄得更糟，他們又不讓外國知道此事。在當地，沒有立刻發放碘片，也沒公開資訊。後來，過度反應地強勢遷移當地 116,000 人，導致恐慌和社會混亂，而且遷居很可能比輻射更傷健康。此事件可視為導致蘇聯帝國社會經濟崩潰的原因之一。

政府當時在車諾比設立隔離區，圍繞事故場所。一些國際計畫正在努力掩埋放射性物質，使其阻絕於自然食物鏈與主要水路之外。在疏散之後，只有受雇於清理計劃者可以進入隔離區。當局努力吸引更多國際資金用在反應器

與圍繞地區。全球的注意力為事故地區取得一些救災資源。淡化此次事故與其後果對誰均無好處。在 1979 年美國三浬島事故 [24] 後，世界媒體認為車諾比事件，讓他們確認核子安全總體不值得信任。車諾比事件初期，國際報告尋求紀錄輻射與污染散佈的事實，但沒想要質疑對人體健康的總風險，結果，安全與資源是非常多，但是恐慌和社會混亂更是事實。

但是近年來，曾經探訪該地者提出令人驚訝的事實，該地並不像他們想想中的廢墟，他們發現雖然受輻射污染，野生生物仍然生存，而且有些還茂盛得很。祖籍烏克蘭的美國記者麥企歐（Mary Mycio）[14]，在車諾比待了很久，精彩地描述她看到的植物與動物。英國廣播公司的車諾比紀錄片，在 2006 年 7 月播映，顯示了類似的事實，摘錄如下：

> 昨天我們訪談一位車諾比地區野生生物專家，他說當地動物並不大受到當前輻射的困擾；此話讓我們相當驚訝。他說他在遮蓋反應器的石棺內尋找鼠類，但找不到，原因是缺乏食物，而非反應器仍存在高放射性，鳥類在石棺內築巢，他認為鳥類並沒遭受任何負面效應。

這些觀察凸顯一個單純的問題：目前世人接受的正統觀點「輻射對生命的傷害」是否有問題？正如預期，車諾

---

24. 在美國三浬島事件，反應器失控，但是圍阻體無恙，無人死亡，釋放的放射性量小。

比棲地的動物和植物有放射性，現在無人居住但有輻射，以前有人居住但無輻射，然而，至少在一些個案，它們現在（有放射性但無人類）的境遇並不比以前（無放射性但有人類）的差。對於環境，人類的居住和高劑量的核污染一樣糟糕嗎？我們應該重新檢視許多舊的假設，還要繼續用來分析輻射對生命的效應嗎？尤其是，我們允許使用線性無閾值不合理地評估安全效應嗎？就像我們用來評估失血的危險嗎？重想這些不科學的問題後，我們應該檢驗其中的資料與科學。

第六章　單一輻射劑量

對分子的作用

輻射以具有能量的粒子流，或電磁輻射（中性的光子[25]）流，但是輻射對於物質沒有任何效應，除非其中能量被吸收了。吸收的能量並沒均勻地分佈於受輻射部位，而是一連串的碰撞或所謂的「事件」。若吸收的能量高，事件的數目增加，但是每一事件的特性不變。在一個典型的事件，各自的原子或分子吸收足夠能量而分裂，有時釋放出次級激態電子或光子，也許有足夠能量自行導致一些更進一步的事件。

在帶電粒子輻射流，每個入射輻射單位產生其獨立的事件流，稱為「軌跡」；沿著軌跡，事件分開的間距約為幾分之一微米，事件的密度依輻射單位的速度與大小而定，也和材料的密度有關，但與其組成的關係不大。沿著軌跡，因為事件和逐漸失去能量（接連的事件）之故，輻射也許稍微散佈兩側。一開始的能量越高，就跑的越遠，直到最後在其範圍內停止。在軌跡上失去能量的速率，稱為線性能量移轉（LET），這只是事件的密度。

在另一方面，光子並不創造長的軌跡，但會產生隔離

---

25. 暫不提中子輻射，這在環境中並不普遍。

的事件，而又更稀薄地散開，也往往釋放受激電子或次級光子。因此，能量束的光子呈現指數的穿透分佈（以平均範圍描述），很不像相當明確描述的帶電粒子軌跡長度分佈。此平均範圍往往依材料組成（事實上為原子的原子序Z）而定。尤其是，諸如鉛的高原子序原子，吸收度高而範圍短。在高原子序的原子，並不只有更多電子，每個電子之間更緊密束縛，而且每個電子的效應更大；這就是為何我們在諸如醫療與牙醫設備等使用輻射的地方，使用鉛以屏蔽 X 射線。

這些碰撞或事件包含整個原子或原子中的單一電子，但物質的原子核幾乎毫無關係，也不受影響。通常游離輻射對物質的影響相當「不分青紅皂白」，這可用能階解釋：

1/40 電子伏特		1/10 電子伏特		10 ～ 100 電子伏特		1,000,000 電子伏特
隨機 熱能	<<	生物 活化能	<<	碰撞 事件能	<<	入射 輻射能

碰撞或事件時吸收的能量在幾個電子伏特[26]範圍內，例如，10~100 電子伏特，與入射輻射的能量相比，此能量很小，但比生命所需生物分子微妙的活化能（約為 1/10 電子伏特）大很多。依序地，這些能量比隨機熱能（分子因為溫暖而互相撞擊，約為 1/40 電子伏特）不穩定。此能量大小順序表示，傾注於事件的能量太小而無法擾動任何

---

26. 這不包括給予次級電子（若有的話）的能量。

核，但在事件中，任何受撞擊的分子會遭受重大損傷，沒有微調的餘地。不同型態的游離輻射影響事件之間的空間距離，但通常對每個事件的能量，有較少的影響力。同樣地，任何一種分子可能被撞擊，而成為事件的位置。這就是輻射導致傷害不分青紅皂白的意義。

緊接輻射過境之後，事件發生處會留下明顯傷害處的分子殘骸。很快地，破碎分子的高活性片段（稱為熱化學基），就會破壞在起始事件時沒受損的分子，這是發生事件的化學階段，此時，輻射與放射性尚無參與。在有機物質中，若有氧，就會拖長這些化學基的破壞活動；類似地，經由產生氫氧基，水分子也有同樣作用。抗氧化物指具有相反效用的生物分子，會清理與中和化學基。但此破壞隨即停止，留下相對平靜的化學碎片。

細胞會怎樣？

若該物質為活組織，被事件影響的任何分子，可能失去其在細胞中運作的功能。很類似的損傷可由游離輻射以外的因子促成，例如，與另一分子相當隨機的撞擊（或經由化學作用），尤其是氧化。游離輻射的效應有何不同呢？也許是小範圍內這種傷害分子的數目。但不管初步是輻射或化學攻擊，下一步總是生物方面的。

生物組織由細胞（生命的單位）組成，因為功能的不同，細胞的大小、形狀、結構等就各有千秋，但是，不管怎樣，總有細胞膜（壁），包住內部的活性蛋白質和編

碼於 DNA 的遺傳紀錄。這些紀錄存放在細胞核中，決定細胞蛋白質的生產與其功能、生殖週期。細胞中完整的 DNA 紀錄也包含所有其他細胞的資訊。

若蛋白質分子受損，而停止功能，其角色通常由其他未受損者接手執行。這些受損的與未受損的分子在下一細胞再生週期中自然地被取代，而沒有產生傷害效應。過程中產生的錯誤（不論來自輻射或化學攻擊）會被複製到下一代細胞的唯一方式，乃經由 DNA 紀錄的受損，若 DNA 受到改變，則後代的細胞也可能受到改變。但是，事實顯示上述說法太簡化，因為還可經由一些方式，DNA 的這些錯誤逐漸給剷除掉。

高劑量時的證據

繼續談論生物效應前，讓我們看看一些動物與人受到輻射的實際後果（證據）。是否和上述其他壓力所顯示的「劑量與損傷曲線」類似嗎？此曲線顯示 S 形（圖七 b）特性，亦即有些保護修補機制？或為線性無閾值假說（圖七 a）所說的直線特性？

圖九顯示不同強度的急性輻射劑量導致的死亡資料。實驗資料顯示，老鼠全身受到單次 X 光射線劑量時，呈現的情況如圖九 a。該曲線就是我們預期的非線性 S 形。劑量約 7,000 毫西弗時，足以導致半數老鼠死亡，但在 3,500 毫西弗時，死亡數低於 1%。若線性無閾值假說成立，則其描述曲線將為粗虛線，在 3,500 毫西弗時，老鼠死亡數 25%。

(a)

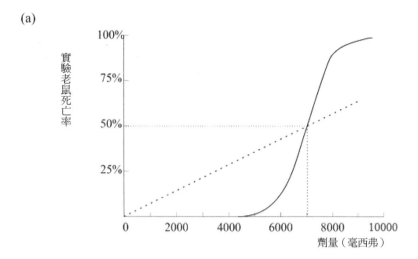

(b)

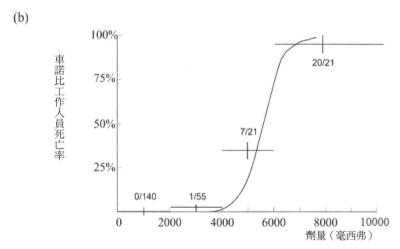

圖九:(a)不同輻射劑量時,實驗室老鼠的實際死亡率(實線)、相較於線性無閾值的死亡率(虛線)。垂直與水平虛線是為幫助閱讀。(Henriksen 與 Maillie [16]。)(b)四個劑量帶的車諾比工作人員死亡率、相較於(a)中老鼠的死亡率(但稍低劑量)。

我們可用許多老鼠重複實驗，以便減低不確定性。證據顯示，劑量反應是非線性的，至少在高劑量下就是這樣。

但是人和老鼠差異多大？在車諾比事故，有 237 位工人在初期救火時，暴露於強烈輻射中，其中，有 28 位於事後幾週死於急性輻射病症。這些工人的死亡顯示於圖九（b）十字所示四個帶狀區。每個十字的寬度表示該帶狀區的劑量範圍，垂直高度代表量度死亡數的統計不確定性（因為工人數目不多[27]）。因此，在最高帶狀區，21 人中有 20 人死亡。次高區，21 人中有 7 人死亡。在第三高區，55 人中有 1 人死亡。在最低區，全部 140 人均存活。同時也可看到代表老鼠的 S 形曲線，可得在 5,500 毫西弗（而非 7,000 毫西弗）半數人存活。

考慮十字大小的不確定性，車諾比實況與此曲線相當吻合，當然「以人作的實驗」，不能像老鼠般用許多樣本而精確地重複。即使如此，結論很清楚，在高劑量下，人的劑量與死亡數曲線不是由線性無閾值模式描述，而是遵循非線性 S 形。

修補的機制

第五章的討論提出此非線性來自單一或更多的修補機制。此發現來自實驗室研究細胞，與更進一步實驗動物等的生物方面的進步。讓我們看看生物已經發展出什麼樣的保護。

想像一個非科學的情景，例如，可能遭受火災或搶劫

---

27. 這是標準統計誤差，因此真正結果落在範圍內的概率是 63%。

的公司。好的管理方式執行防護措施，包括，首先是各處放滅火器、火災或外人侵入的警報器。其次，所有工作文件要複製多份，因此，若其中一份遺失或損毀，備份的還在。接著，有個能快速修補簡單損害主要紀錄的緊急反應小組。再過來的作法是，所有結構元件的連續計畫性替代。最後是，儘速移除所有不要物質的清潔制度。有趣的是，細胞生物學似乎已經發展出類似的防護系統。

　　生物中，等同滅火器的是產生細胞中的抗氧化劑分子，足以在輻射傷害的早期或化學階段，就抑制輻射產生的化學基。這也可應付任何氧化攻擊的早期效應，因此，不需為了輻射而有特別的預防措施。警報系統由細胞間信號提供，因此，偵測到攻擊時，細胞就合作，也警告其他細胞。以複製方式產生保護的機制在兩個層次發生，首先，每個細胞內有許多功能性蛋白質的多重複製，其有效性何在呢？在細胞生命週期的早期，此時複製的份數最少，其對輻射的敏感性最大。但是具備遺傳訊息 DNA 的每個細胞，並無備份。然而，細胞本身會複製，每個細胞中的 DNA 包含整個生物體（不只自身）完整的紀錄。每個細胞包含酵素，可修補 DNA 雙股的單一斷裂，這些酵素就是我們類比解釋中的快速反應小組。因為 DNA 具有雙螺旋股，該分子遭逢單一股斷裂（single strand break，簡稱 SSB）時，仍然互聯，而可無誤地修補妥當。由試管中的實驗，可知這些酵素會在幾小時內修補大部分的單一斷裂。雙股斷裂（double strand break，簡稱 DSB）的情況比

較少發生，但若發生仍可修補，然而有可能修不妥。為了應付此情況，更進一步的保護是需要的。

整個細胞的複製可動態地由細胞分裂與計畫性取代而產生。在功能性細胞分裂產生新細胞時，其他細胞定期地被清理掉。細胞可能因自身之故、細胞間信號通知、或遭受攻擊等原故而死亡。不管如何，這些機制能夠區別差異，而有利於自身的細胞，比較不利於已經改變的或外來的細胞。此組織化的清理程序稱為細胞凋亡（apoptosis）；至於清理死亡細胞和其他殘骸的工作，均由巨噬細胞處理。

因此，在細胞內有不同層次的保護。萬一有失誤，就有主動更新機制會取代整個細胞。我們暫不管這些細節，重點是這些機制存在，而且是有效的機制。它們不是專為應付游離輻射劑量造成的碎屑而發展出的，實為應付化學攻擊與隨機斷裂而生。依各別的器官與生物的年紀，這些機制各有不同的作用時間。對於這些防護機制的運作，重要的是，細胞之間以信號互相溝通。這個細胞受到損傷或那個細胞需要清理等，細胞間彼此互通聲息。結果，免疫系統確認這些問題細胞不會繼續存在。

這種細胞行為的型態和人在群眾中的行為並無兩樣。社會團體以選擇和堅定的排斥不適合者而能存在，即使其過程讓人不悅，又包括各式區別待遇，甚至以獵殺行動和其他社會自我傷害，而弄得自我毀滅。

細胞的社會模式與其對游離輻射的反應，就是輻射生物學研究的內容，對象是實驗室溶液中的細胞，也使用類

似人類諸如大鼠與小鼠的實驗動物。我們將專注於從人類資料學得的，因為比較容易處理，也因為那是我們真正關心的，我們將看看這些資料如何與輻射生物學家在實驗室所發現的相確認。

則在此整合下，可看到修補與防護機制，在低劑量時讓生物適應良好，但在高劑量時就無法應付，這就可得 S 型曲線。在高劑量時，生物停止（或延擱）細胞分裂，死亡的細胞多於新生的細胞。在正常情況下，體中有些器官（例如，消化道），其細胞族群的更替特別快速，因此，在很高急性劑量時，這些細胞首先陣亡。急性輻射致病的外觀症狀為，在幾天或幾週內的嘔吐、腹瀉，脫水、死亡。此為車諾比工人死於高劑量的經驗（圖九 b）。這些個案並無癌症。

上述為高劑量的情況。在急性但較低劑量時的修補機制到底多有效呢？此時，會啟動修補與細胞替換的機制，但偶而的 DNA 錯誤可能倖存。

低度與中度劑量

遭受較低游離輻射劑量的效應，可能為在暴露後許久逐漸明顯觀察到，額外的各式癌症發生率。這些癌症導致的死亡率不一；對於單一個案的病因，我們無法明確決定，但是在統計上，發生率與抽菸、飲食、或輻射有關，或者沒有致因而為自發的；不論如何，在所有的個案裡，源頭均為對 DNA 的某種化學攻擊。即使對於曾經遭遇顯著的輻

射暴露者，其他原因導致的癌症發生率仍更大（例外的是甲狀腺癌）。因此，除非有很大的族群（樣本數）受到顯著的劑量，我們無法有把握地測量到游離輻射的致病實況。

舉個虛擬例子來闡釋吧。假設有兩個團體，每團10,000人。第一個團體在五十年內死於癌症的機會為10%，第二個團體則為10.5%，因為該團曾受到某輻射劑量。若此測試重複許多次，此兩團體的平均癌症死亡數目，將為1,000與1,050。但是，若只有一次測試的資料，第一個團體的數目將會統計地變動，而為18%的測試數多於1,030人、2.5%的測試數多於1,060人[28]。類似地，第二個團體的死亡數目將為18%的測試數少於1,020人、2.5%的測試數少於990人。因此，只在一次測試中比較死亡人數將無定論，就因為統計不確定性。若每個團體的人數增為十倍，或輻射劑量（或其效應）更大，此測試也許可提供有意義的證據。因此，要達到明確的結論，每個團體成員的輻射劑量必須測量，也檢查確認其他致癌因素並不混淆實驗，此稱為干擾效應（confounding effect）。

這樣的資料來源相當少，而受到研究者重視。全世界的實驗室互相商討已有的基本資料，而其結果可上網查到。最大的來源為日本廣島與長崎倖存者的醫學紀錄。接著是前蘇聯車諾比事故，如前述的其高劑量資料。另一大筆國際彙總的資料為肺癌發生率，與患者居住輻射環境的關聯性。幾十年來，諸如醫療放射科醫師等參與輻射物質

---

28. 這些變異為可靠的統計結果，和本案例無關。

者的健康紀錄可供參考。接著還有 1950 年前的幾十年，以夜光塗料加在手錶指針和其他儀器者，他們吸收一些劑量的鐳，成為體內阿伐射線得來源。最後，還有在醫療診斷造影（或更顯著的放射治療）過程中受到輻射的病患資料，將在本章和下一章中討論。

廣島與長崎的倖存者

最受到研究的資料就是廣島與長崎倖存者的健康紀錄，兩地人數甚多，受到研究超過五十年，而且各別的劑量橫跨相當大範圍，其平均值 160 毫西弗，為顯著的中度暴露。

轟炸時，廣島與長崎總共 429,000 人。估計在爆炸時，烈火與早期輻射效應殺死超過 103,000 人。難免地，早年的資訊有所欠缺，但 1950 年後的資料就比較可靠，其 283,000 位倖存者的醫療紀錄陸續受到追蹤，結果就是在 1945 和 1950 年間，總共 43,000 人死亡、未明、失蹤。圖十（b）顯示其狀況。在廣島與長崎，無法倖存到 1950 年的人數有三分之一。相對地，在德國德列斯登（Dresden）約為 10% 或更多，如圖十（a）。在 1950~2000 年間，多少日本廣島與長崎居民（遭受 1945 年轟炸後）死於輻射誘發癌症？此問題於早期多年無法答覆，因此，採取非常審慎的觀點。今天，沒有必要採取權宜審慎，因為已經可以回答該問題。詳細的數目如下（也可綜合起來）。倖存到 1950 年，然後在 1950 與 2000 年間死於癌症的機率為

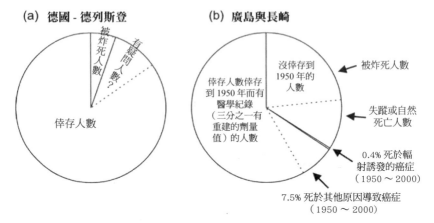

圖十：轟炸（a）德國德列斯登（Dresden）和（b）廣島與長崎，死亡人數的圓餅圖（pie chart）。立即死亡的人數並不清楚，但是倖存到 1950 年者的歷史則紀錄保存的很清楚。

7.9%。以後會說明，在 1950 與 2000 年間倖存與之後死於輻射導致癌症的機率只為 0.4%。這就遠小於預期值，因此，我們需要查看細節，以便清楚如何導出。

　　當然，受到原子彈轟炸當天，沒有居民配戴輻射監視計，但還是可能估計這些 86,955 倖存者[29] 各自的輻射暴露劑量，科學家以三種不同方式估計，也互相檢查各自的正確度。

　　第一種估計來自個人與爆炸中心的距離，而估計受到的輻射流量，並考慮個人與爆炸中心間物質（建物等）的吸收而減少個人劑量。第二種方法使用染色體損傷（長期

---

29. 假設 1950 年後，因輻射誘發癌症死亡數的比例，對於所有的倖存者與重建劑量者均一樣。實體癌症與白血病的數目為 0.5% 與 0.1%，然後乘以 0.6（倖存到 1950 年的機率）。

留存輻射劑量的記憶）的發生率，此方法稱為螢光原位雜交（fluorescence in situ hybridisation，簡稱 FISH；科學家發現其為非線性，亦即顯示線性無閥值假說錯誤 [17]）。第三種方法來自使用電子自旋共振（electron spin resonance，簡稱 ESR [18]），測量每位倖存者的牙齒與骨骼（紀錄輻射損傷）；此方法可定出不成對電子的密度，因為在這些固體（牙齒與骨骼）中，即使受到輻射暴露幾年後，它們仍存留固定的紀錄。使用上述方法，倖存者的劑量又在不同場合受到分析，最近的一次是在 2002 年。

科學家可將重建倖存者劑量的後續醫療紀錄，拿來對比住在廣島與長崎以外日本地區的 25,580 人（因為他們沒受到輻射）。比較兩組人的白血病與實體癌的死亡數。也彙總分析諸如其他死因、對懷孕的效應、其他敏感情況等的資料。在此我們專注於癌症，因為，統計顯著的輻射導致效應，可在這些癌症中看到；但是，對於其他病情等的發生率，則其增加量更少而且更不確定 30。

輻射誘發的癌症

表四：從 Preston 等人 [19，表七] 來的資料顯示，1950 與 2000 年間，廣島與長崎倖存者死於白血病的人數，與附近沒受輻射居民死於白血病的人數相比較。

---

30. 清水由貴子（Shimizu Yukiko）等人 [20] 研究顯示，已有 140~280 人因其他疾病死亡（直到 1990 年），這些和輻射統計關聯。他們發現在 500 毫西弗下，沒有任何輻射效應的證據。

輻射範圍 毫西弗	倖存者數	倖存者死亡數		每 1000 人 額外風險
		實際	預期	
<5	37,407	92	84.9	-0.1 ～ 0.5
5 ～ 100	30,387	69	72.1	-0.4 ～ 0.2
100 ～ 200	5,841	14	14.5	-0.7 ～ 0.6
200 ～ 500	6,304	27	15.6	1.0 ～ 2.6
500 ～ 1,000	3,963	30	9.5	3.8 ～ 6.6
1,000 ～ 2,000	1,972	39	4.9	14 ～ 20
>2,000	737	25	1.6	25 ～ 39
總計	86,955	296	203	0.9 ～ 1.3

　　表四的資料顯示，重建倖存者（死於白血病）所受的劑量。每一行描述輻射的範圍，其中每一個案的死亡數與控制組（沒受輻射者）的死亡數相比。在五十年間，總共 296 位倖存者死於白血病，而在無輻射時的死亡數只有 203。因此，在總人數 86,955 中，額外增加 93 人死亡，可統計地歸因於輻射誘發白血病；但是實際上不可能分辨哪一位是自發的，哪一位是輻射誘發的。每一劑量範圍的資料總結於最後一列，顯示在五十年內，每一千人中，額外死亡者的數目，以統計誤差方式描述其範圍[31]。整體來看這些數字，如果在五十年內死於輻射誘發白血病的機會為千分之一，則平均壽命減少兩個星期。表中各行資料顯示，低於 200 毫西弗時，等同無風險，而其平均壽命減少量低於 2 個星期。倖存者中，有 15% 的人受到的劑量高於 200 毫西弗，經過測量可得確定的風險。遭受 1,000 毫西弗以上（3% 的倖存者），其風險為每 1,000 人大於 21

---

31. 測量風險以千分之幾表示，有個一標準差的範圍，這表示實際的風險在所指範圍內的機會是 2 比 1。

人，而其平均壽命約少一年。總之，五十年內，死於白血病的 296 位倖存者中，203 人即使沒受到輻射還是會死於白血病，輻射誘發白血病的發生率比自然白血病的發生率低（即使考慮受到更高劑量者）。

表五顯示和表四類似的資料，但死因為白血病之外的癌症。這些的死亡總人數為 10,127，比因白血病而死亡的數目多。大部分自然發生、或與飲食或抽菸有關。根據控制組樣本，預期死亡人數為 9,647（背景值）。兩者之差為 480 位死亡者，即可能為輻射導致的死亡數。此值為倖存者 1% 的一半，也是和輻射無關而死於癌症者的 5%。該表顯示輻射相關效應的證據侷限於劑量高於 100 毫西弗者。劑量低於 100 毫西弗者，死亡數為 7,657，相較於預期數的 7,595，其差別為 62 人，這在統計上是太小而無意義，因此所受輻射無效應。

表五：1950 到 2000 年間，廣島與長崎倖存者（測量得輻射劑量）罹患實體癌的死亡數（Preston 等人 [19，表三]）。

劑量範圍 （毫西弗）	倖存者數	倖存者死亡數		每千人 額外風險
		實際	預期	
<5	38,507	4,270	4,282	-2.0 ～ 1.4
5 ～ 100	29,960	3,387	3,313	0.0 ～ 3.5
100 ～ 200	5,949	732	691	3.5 ～ 12.5
200 ～ 500	6,380	815	736	9 ～ 18
500 ～ 1,000	3,426	483	378	25 ～ 37
1,000 ～ 2,000	1,764	326	191	63 ～ 83
>2,000	625	114	56	72 ～ 108
總計	86,611	10,127	9,647	5.0 ～ 5.2

總結，這些資料顯示，急性劑量呈現一個有效閾值，就是 100 毫西弗。我們可將此閾值當成區分中度劑量範圍（有效應）與低劑量範圍（效應太小而無法測量）的分水嶺。就如白血病資料所示，閾值可能高達 200 毫西弗，但是採用 100 毫西弗比較保守。重點是在此或其他研究，並無資料顯示，劑量低於 100 毫西弗時，會產生可測量到的癌症風險。雖說到處均有未確定性，但此個案的錯誤餘量約為千分之一，即為平均壽命少二星期。此程度的風險與自然發生癌症相比很低，而無法偵測到，即使長達五十年間，研究近十萬人（暴露於兩顆核彈爆炸下）亦然。最後，公認的修補機制至少在此低範圍內有效，因此，我們預期毫無風險，即使有些輻射劑量，並沒有減少平均壽命。

中度的急性劑量與高度的急性劑量界線約在 2,000 毫西弗；超過此劑量時，單一劑量會讓早期細胞死亡變得越來越可能；低於此劑量時，細胞死亡就比較不可能。在中度範圍，雖然輻射和癌症之間存在公認的關聯性，但是即使在此區域，輻射通常只是個相對不重要的因素。

醫學診斷掃描

游離輻射已經用在醫院臨床造影和牙科手術超過百年，相較於閾值 100 毫西弗 [32]，患者接受的劑量很小。歷史上，使用游離輻射掃描只有來自 X 光，其光子束適合醫

---

32. 輻射掃描和使用在磁振造影（MRI）或超音波的相當不同。磁振造影包含核自旋，但完全為被動式，和游離輻射無關。

學造影，通常直接來自電子束，或來自原子或核的內部。X 光不會記得其來自何方，而其效應並不依來源而定（除非已經影響其能量與強度）。傳統的 X 光圖來自電子產生的光子束，基本上是倫琴使用而發現 X 光的方式：聚焦於金屬（諸如鎢）標的上的小點。

這樣的圖就顯示光源與底片（或偵測器）之間，X 光被吸收的量；因為並無透鏡或鏡子，圖像只是影子。使用中度能量的 X 光，就可顯示骨骼或牙齒中的鈣（高原子序），因它會強烈吸收 X 光；相對於一般組織中，混合著碳、氫、氧等低原子序的元素，則在 X 光圖上幾乎透明。圖十一顯示一張古典的 X 光照片，它並不微弱或呈點狀，

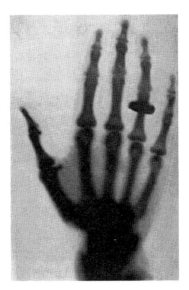

圖十一：手上帶戒指的 X 光圖（印製於 *McClures* 雜誌，1896 年 4 月）。

輻射暴露需要在每一像素提供夠大數目的吸收光子，以便克服雜訊（統計波動）。即使是舊而缺效率的設備，低於 0.02 毫西弗的劑量通常就足以產生清晰的影像，該劑量值五千倍遠低於健康閾值（100 毫西弗）。

醫生想要找到的許多特性，例如，血管的樣式，並沒顯示在此種影像中。但其解決之道為在 1920 年代就已經發展出的有效妙招：使用造影劑。例如要看到血管，就使用高原子序（原子序為 53）的碘，它強烈吸收 X 光。患者注射包含碘（正常穩定態，而非放射性同位素）的溶液，而在注射之前與後照 X 光（造影）。碘的存在與否，對吸收的影響甚大，因它很清晰地挑出血管。圖十二顯示兩張對照影像與其差異，此為數位像差法處理而產生甚佳的血管圖。

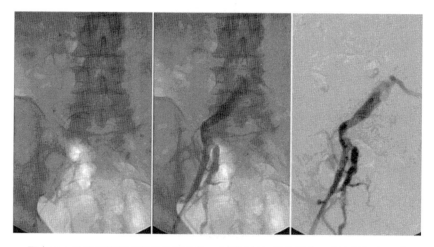

圖十二：骨盆和脊椎下部的 X 光影像。左邊圖是無碘的影像，中間圖為注入碘當造影劑後照同一部位的圖。右邊是以數位像差法（digital subtraction）處理另兩圖，清晰地顯示出大動脈。（影像來自牛津 Radcliffe 醫院 NHS 信託基金會的醫學物理與臨床工程部門。）

同樣的妙招可用來產生腸道的影像，但此時，使用鋇（原子序為 56）為造影劑。硫酸鋇是一種對人體無害的白堊材料，不溶於水，患者服下後，它就會迅速佈滿腸胃內壁。以數位像差法處理服用前與後的影像，就可獲得消化系統的高度對照圖。

使用現代醫學診療掃描，會導致人們受到更多的輻射劑量，但它們提供三維的資訊，比圖十一所示的更精細明晰。改善的圖像品質包含遠遠更大數目的像素[33]，其雜訊甚低，因此需要大量的光子。為減少輻射劑量，現代掃描設備更有效率地使用輻射（更佳偵測、過濾、篩選），但每次掃描產生的輻射劑量，仍約為 1~2 毫西弗。此劑量比單純投影 X 光的大，但比起上述損傷閾值 100 毫西弗，仍小很多。

核子醫學

我們可以產生身體組織正在運作的影像，使用的就是功能性影像，比起單純的解剖影像，在臨床上有用多了。以磁振造影也可達成功能性造影，如圖十三顯示使用輻射的例子，通常這樣的影像使患者招致約 1~2 毫西弗的劑量。患者注射特別的藥，它會沿著血流優先跑到存在不正常血管或高代謝活動的位置，因此，病灶將顯示於影像上。

成功能性造影的原理是，注射藥的分子帶有某放射性同位素原子的標記，它們在體內蛻變時會排放出輻射，出

---

33. 像素在二維圖中稱為 *pixel*，在三維圖中則稱為 *voxel*。

(a) 單光子放射斷層掃描　　　　　(b) 正子放射斷層掃描

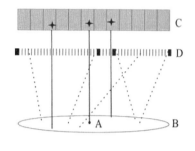
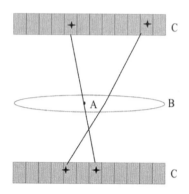

圖十三：核醫影像系統的單光子放射斷層掃描（SPECT）與正子放射斷層掃描
（PET），其放射性衰變在人體 B（諸如 A 點等）放出加馬射線，其軌跡可
經由信號（圖中以星號表示）顯現於偵測器 C 上。

了體外就可用特別的偵測器感應到，因此就可精確定位發
生衰變的地方。由核衰變位置圖即可看到藥累積之處，即
為癌腫瘤（異常活動）的地方。

　　長用的功能性造影的方法有單光子放射斷層掃描
（single photon emission computed tomography, SPECT）和
正子放射斷層掃描（positron emission tomography, PET）
兩種，圖十四顯示其衰變核的位置是如何定位。

　　在單光子放射斷層掃描，放射性同位素通常為
鎝 -99m，其衰變放出 14 萬電子伏特[34] 的加馬射線，偵測得
的輻射線方向，依特殊的鉛準直儀板 D 內的洞方向而定，
若其他角度的輻射線則被阻擋，不能進入偵測器 C。相機

_____

34. 放在同位素名字之後的 *m*，只是表示其為激發態。

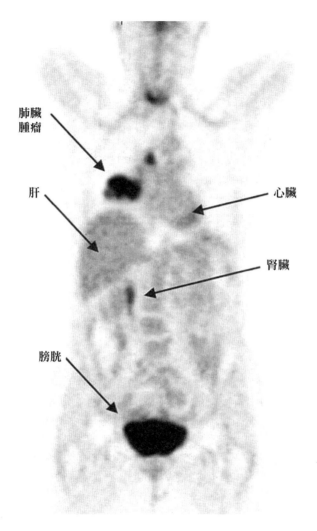

肺臟
腫瘤

肝

心臟

腎臟

膀胱

圖十四：正子放射斷層掃描影像清楚地顯示，肺臟上有個腫瘤。
又可看到造影試劑堆積在膀胱。（影像來自牛津 Radcliffe 醫院
NHS 信託基金會的醫學物理與臨床工程部門。）

包括鉛板和偵測器（成一組），掃描時，就在患者身上移動。

　　至於正子放射斷層掃描，常用的同位素為氟 -18，會放出正子，它行進一釐米左右，和一個簡單的原子電子中和而消失，放出兩組 511 千電子伏特的加馬射線，為方向相反的兩射線。因為沒有鉛板，該輻射線即由兩同步信號（偵測）而得。

　　正子放射斷層掃描的影像品質比單光子放射斷層掃描的較佳，但在技術上較複雜；也許更要考慮的是，選擇同位素濃度造成的對照，可能會很顯著。注射造影劑後，隨著放射性的衰變與人體的自然排放，濃度會逐漸減低。鎝 -99m 的半衰期為六小時，氟 -18 則為二小時。因此，比起正子放射斷層掃描，患者使用單光子放射斷層掃描時，會繼續輻射照射更久，但也有人提出更有利於正子放射斷層掃描的說辭。使用單光子放射斷層掃描，大部分的輻射必須在鉛板吸收，如圖十三所示。事實上，只有一小部分經由這些洞而偵測得，其他的大部分則沒測到。因此，要得到相同品質的影像，患者會從單光子放射斷層掃描接收到比從正子放射斷層掃描更多的輻射劑量。若單光子放射斷層掃描的洞較細，則影像品質會更好，但是患者受到的劑量就較高，這是取捨與選擇的問題。在實務上，單光子放射斷層掃描更受廣受使用，因為它比較便宜，也更容易操作。

　　乍看之下，核子醫學可能讓人不安，因為患者受到輻射。但是，科學界特定地選擇輻射，讓它逃逸人體而其吸收為最少，因此，造成最小的劑量；其原理迥異於 X 光成

像，因後者是要接受檢測組織吸收輻射劑量，以便顯出對照而區分不同的組織。

　　正子放射斷層掃描與單光子放射斷層掃描的加馬射線能量，分別為 51.1 萬電子伏特與 14 萬電子伏特，在體內的活動範圍約 10 公分。依照醫療檢查而定，若節約使用同位素，則人體所受的劑量可維持在幾毫西弗的範圍。但這樣的限制使得影像呈現相當的顆粒狀與具有雜訊，如圖十四所示的例子。通常，臨床作法所用的劑量遠小於損傷閾值的 100 毫西弗，因此，也許在一些情況可稍微增加劑量，以便得到更清晰的圖，這樣作應更有利。一些有關當局（法國國家科學院的聯合報告 [21, 22]）認為當前醫療界的作法為不合理地審慎。

　　因為更大量使用游離輻射醫療成像，大眾受到游離輻射的年均劑量，近幾十年來略有增加。但因為偵測效率的改善，使得增加的量減少些。一般來說，大家體認醫療成像的福祉，也可和使用磁振造影和超音波相輔相成。當今診療成像常常使用一個以上的方法，以獲得融合影像，例如，結合正子放射斷層掃描的鑑識力與磁振造影的精確性。比起耳熟能詳的核子醫學的福祉明顯易見，相較之下，其風險並不顯著。

在車諾比的人受到輻射

　　在車諾比受到輻射的人之中，有兩組人特別受到不良的影響：受到異常高輻射劑量者、受到放射性碘而罹患甲狀腺癌者。其他受影響者包括參與清理者、遷移到外地的

當地人、住在附近地區者。

遭受最高劑量的 237 人，其命運如圖九（b），這些人包括消防隊員和其他工作人員，他們在核子事故之後立即進入輻射區撲滅反應器火災。其中，28 人在幾週內出現急性輻射病症而死亡。接下來的十八年中，有 19 人死於不同原因，該數目與沒遭遇事故的正常人死亡數目差不多，因此，在任一例子，我們無法確定，輻射是否為死因。

甲狀腺癌

分裂鈾產生許多放射性分裂物，其中之一是碘 -131。在車諾比事故發生時，反應器內包含許多物質，它們在火災的熱氣中，立刻揮發（碘在 184°C 沸騰蒸發）。放射性碘漂浮在大氣中，有些即為當地人與農場動物吸入，或是進入食物鏈中（牛奶與蔬菜等）。雖然碘量在人體中少於兩百萬分之一，不管外來的碘是否具有放射性，它快速地在甲狀腺累積，因為元素的核性質幾乎不影響該元素的化學與生物程序，因此所有的同位素均受同等對待。任何甲狀腺吸收的放射性碘以半衰期八天的速率衰變，因此，消失甚快。但是，高度濃縮的能量劑量會導致潛在損害，而在幾年後產生癌症。科學界早已知道，在輻射事故後，若服用碘化鉀藥片幾個星期，則即使人們吸入放射性形式的碘，其濃度就會被稀釋，因此，人們所受的輻射劑量就會減少。早在冷戰初期，人們已知若發生核子事故就需分發碘片（便宜與容易保管），這也是當時民間防衛的標

準措施。建議的劑量是每天 130 毫克，而孩童劑量減半。不論服用碘化鉀藥片或碘酸鉀藥片，此種劑量並無副作用 [23]，而其取用無須醫生處方。1957 年，英國聞司克（Windscale）核子事故後，排放出碘-131 到周遭環境 [24]，但其劑量比車諾比事故的小一千倍，因此，我們從車諾比事故學到更多。

　　孩童比大人更易遭受此風險，因為孩童的甲狀腺還在發育發展中，並且飲食通常含多量牛奶。車諾比事故後，附近國家孩童的甲狀腺癌發生率如表六所示，但並非所有這些 4,837 個案均為輻射誘發的，因為若只有輻射這個病因，個案數將約只有其值的十分之一。輻射劑量跑到甲狀腺的量從幾十毫西弗到三、四千毫西弗均可能。大部分的患者得以成功地治療 [35]，但也有些死亡案例，直到 2002 年共有十五個案 [12, p.16]。

表六：在 1986 年與 2002 年間，鄰近車諾比的甲狀腺癌個案數，依國家與受到暴露時年齡分類 [13，表五]。

受到暴露時年齡	個案數			
	白俄羅斯	俄國	烏克蘭	總計
<14	1,711	349	1,762	3,822
15～17	299	134	582	1,015
總計	2,010	483	2,344	4,837

　　在車諾比，當局發放碘片慢吞吞的，因為碘-131 的半

---

35. 放射治療甲狀腺癌時，通常使用近接治療（brachytherapy），其為相同碘的放射性同位素。治療原理是讓腫瘤盡量吸收放射性碘，導致細胞死亡。其他方式也許使用外部加馬射線放射治療。

衰期短，若要發生效用，碘片需在事故後幾週內即發放，因為屆時，放射性碘已經衰變，這似乎是明顯的事，但是卡第斯（Cardis）[25] 最近在車諾比的甲狀腺癌研究，卻指出其實並不是這樣的。額外的正常碘即使發放得很晚，仍能減少甲狀腺癌發生率三倍，其原理應是提昇健康甲狀腺的發展，因而改善免疫力、阻止癌症的發展 [36]。這是重要的新發現，正如玻宜思（Boice） [26] 所提示：即使幾年後的潛伏期（在暴露於輻射和出現癌症之間），保護機制繼續發揮功效。問題來了，其他癌症的發生率，是否也可以在潛伏期時，因為優質健康作法而減少？

卡第斯在該研究中發現的第二個效應，和當地飲食的天然碘含量有關。在車諾比的周遭，缺乏天然碘的地區比起較多天然碘的地區，甲狀腺癌的發生率較高。在缺乏天然碘時，就會促進甲狀腺吸收放射性同位素，這似乎有道理。因為車諾比附近大部分地區缺碘，這就導致高致癌率。若未來有核子事故發生於不缺碘的地區，則癌症發生率會遠低於車諾比地區的。雖然卡第斯的發現 [25] 需要確認，但該發現對公共衛生具有重要的意涵，因為未來若有核子事故，我們就比較清楚對策。若平常就攝取足夠的碘而維持甲狀腺健康，即使發生事故，比起車諾比的狀況，將可大量減少癌症發生率。

---

36 美國食品和藥物管理局建議每日飲食攝取 0.15 毫克碘（天然方式或加碘鹽到食物中），以促進健康的甲狀腺。碘鹽中的碘濃度在英國為 10 ppm，在美國為 50 ppm。

在車諾比的其他癌症

原則上，廣島與長崎倖存者資料顯示，遭受全身輻射劑量者的癌症死亡數。據以推測，如果知道遭受車諾比事故影響者的劑量分佈，則可預期五十年後的白血病與實體癌個案數，而不必假設任何特定劑量傷害曲線的形狀（例如，線性與否）。但是，因為車諾比劑量分佈的情形並不很清楚，我們能有的最佳「累積劑量」預測如表七所示，該分類的方式包括受命進入清理者、幾天後疏散者、住在緊鄰區域者、住在更遠者。表七顯示許多人所受劑量少於100毫西弗，而且是要經歷累積許多年。**正如廣島與長崎倖存者的情況所顯示，車諾比事故的傷害，除了甲狀腺癌，並沒有額外的其他癌症。來自其他致癌因素的效應遠大於輻射的，因而難以偵測得輻射的致癌效應。**

表七：加總幾年來額外的輻射劑量，遭受車諾比事故影響者的
　　　分類如下（扣除急性輻射病症與甲狀腺癌個案）[12，第
　　　14頁]。最後一欄顯示相對應的年劑量。

	年	總人口	總劑量	年劑量
			毫西弗	
清理工人	1986〜1989	600,000	~100	~25
被疏散者	1986	116,000	33	33
「嚴格管制」區居民	1986〜2005	270,000	>50	>2.5
其他受污染區居民	1986〜2005	5,000,000	10~20	0.5~1

從表七的數字，我們容易算出集體劑量，結果是150,000人－西弗。就像國際放射防護委員會所提議（依

據線性無閥值假設），如果死亡的機率可估為每人一西弗 5% [27，第 55 頁第 87 段]，則死亡的人數將為 7,500，但其實並無資料支持此數據。如上述，我們已經說明線性無閥值假設並不適用於捐血，而在車諾比也不適用。事實上，在最近的建議（ICRP103），國際放射防護委員會警告此種線性假設算法 [27，第 13 頁第 k 段]：

> 必須避免根據集體劑量（來自微小的個人劑量）而計算癌症死亡數。

然而，國際原子能總署 2006 年報告在討論車諾比癌症死亡數時，並沒遵照該建議，反而說 [12, p.16]

> 這**可能**表示**最終**可達四千人罹患致命癌症。至於此族群中所有其他的病因，將會導致約十萬人罹患致命癌症。（本書作者以粗體字指出關鍵處）

該署並沒提供其根據，也欠資料支持上述的模糊敘述，但只能說是來自線性無閥值假說，因為實際上看不到癌症。真正的數字其實無法得知，即使根據國際原子能總署的數字，預期壽命的損失（輻射傷害）與其他致命癌症的效應相比，也只是很小，就如國際原子能總署所說。

但是，國際原子能總署的報告也提供更增進見聞的宏觀 [12，第七頁]：

> 在最受輻射影響的人口中，除了年輕時遭受暴露者在甲狀腺癌的發生率急劇增加外，並無實體癌或白血病發生率的明確增加。但是，心理疾病數的增

多，加上缺乏輻射效應知識的溝通，與蘇聯瓦解導致的社會動盪和經濟衰退，在在嚴重打擊這些受輻射影響者。

在第十三頁，該報告比較「在車諾比累積多年的總劑量」與「在世界上許多地區自然發生的總劑量」：

1986～2005年間，在「受污染」地區（白俄羅斯、俄羅斯、烏克蘭），一般民眾的平均有效劑量累積值，估計約為 10～30 毫西弗。至於在嚴格控制放射性的地區，平均劑量約 50 毫西弗或更多。另外，有些居民遭受幾百毫西弗。在此要提出，**車諾比事故「受污染」地區居民受到的平均劑量，大致上低於世界上住在印度、伊朗、巴西、中國等地的一些人，因為該地區具有較高的自然背景輻射（二十年內 100～200 毫西弗）。**

重點是相對應的年劑量很小，如表七最後一欄所示。請注意，「受污染」的括號「」為上述報告所用，明顯地，該報告意思為那些地區其實並非受污染地。

大部分的輻射安全顧慮集中在遺傳效應，因為癌症會影響個人，而任何輻射的遺傳效應會傳承給後代。國際原子能總署的報告解釋此問題 [12，第 19 頁]：

因為車諾比事故，是否已有（或將會有）任何長期遺傳或生殖效應？

因為車諾比事故影響地區民眾受到暴露的劑量相對的低，並無證據或任何可能性，觀察到男性或女

性減少生育能力。這些劑量也不可能有任何重要效應，影響到死產、不良妊娠結果、分娩併發症、或嬰兒整體健康等。

「受污染」地區的生育率可能下降，因為準父母擔心生小孩（因為墮胎者甚多，此問題變得不為人注意），而且許多更年輕者已經遷移他地。根據聯合國原子輻射效應科學委員會（UNSCEAR，2001）估計得到的低風險係數，或之前的車諾比事故健康效應報告，不預期有可辨別的輻射遺傳效應之增加。自從西元 2000 年，就沒出現新證據可改變上述的結論。

自從 1986 年，在白俄羅斯地區，不論「受污染」與否，一直有小量但持續增加的先天畸形個案，似乎和輻射無關，應為更多民眾知道要向政府登記之故。

國際原子能總署的報告對於社會的健康有重要的啟示[12，第 20 頁]：

車諾比事故導致許多人因為匆忙遷移、社交網路破裂、擔心各式健康效應而受到創傷。是否有持久的心理或精神問題嗎？

任何創傷性的事故會導致壓力、憂鬱、焦慮、醫學無法解釋的身體症狀。這些症狀均出現於車諾比與鄰近地區。有三個研究發現，受暴露區民眾的焦慮程度為對照組的兩倍高，至於多重無法解釋的身體症狀、主觀的身體衰弱感覺等，則為三到四倍更

高。一般來說，雖然車諾比受暴露民眾的心理創傷類似核爆倖存者的、三浬島核電廠附近居民的、暴露在有毒環境者的，但是，車諾比事故後一連串的事件、多重極端壓力、當地獨特的表達壓力方式等，使得研究結果不易詮釋。

國際原子能總署的 2006 年報告 [12] 接著繼續評論不幸的官方作業與媒體對車諾比事故的反應：

此外，在受影響群眾的個人被官方分類為「受災者」（疏散遷居者與受污染地區民眾），通俗地被稱為「車諾比犧牲者」，也是媒體立即採用的稱呼。此標籤連同甚多的政府特撥資助，讓這些個人自認宿命註定為殘疾人。大家都知道，不論正確與否，人們的認知會影響其感覺與反應。同理，這些人中許多自認為無助、衰弱、無法控制未來；而非自認「活過來」。

對於安全的執迷，或說就是對於輻射的恐懼，盲目地導致更嚴重的社會傷害。許多人知道，自認不健康會有自我實現的效應 [2]。國際原子能總署報告的結論，以車諾比事故為借鏡，應可引伸到輻射不同面向的所有資訊：

關於解釋此次災禍的健康與心理衛生影響，政府應該採取更新的風險溝通，以提供民眾與關鍵專業者精確的資訊。

雖然車諾比事故的傷亡人數不確定，其在全球災難的

規模上來看其實不大，如表八所示。車諾比事故在全球評估上，是個主要災難嗎？比較表八中的數字即可知不然，即使使用線性閾值假說來估計亦然。

若說使用任何現代具備圍阻體與內建穩定操作條件的核子反應器，會弄得像車諾比那樣的事故，實在不可能。只要有適宜訓練的操作員，坦誠的公眾教育、提供免費的碘片等，就可確保在那樣事故時（即使發生了），產生的風險遠小於車諾比的。比起印度波帕（Bhopal）化學事件殺死 3,800 人，車諾比算是小案子。但是比起全球氣候變遷的規模與預期的後果，上兩事故只是地區性小事。對於蘇聯，車諾比事故確是個災難，但是在社會經濟與政治災難方面而言。實體災害上，這是個全球小事故。

表八：一些主要的人為化學、輻射、其他災禍（扣除其他戰爭、種族滅絕、劣質衛生與照護）

時間	原由	事故	死亡數
1945 年 8 月	核子	廣島與長崎	100,000+
1945 年 2 月	化學	德國德列斯登（Dresden）	35,000+
1984 年 12 月	化學	印度波帕（Bhopal）	3,800+
2001 年 9 月	恐怖主義	美國 9/11 世貿中心	2,996
2005 年 8 月	氣候？	美國卡崔娜颶風（Katrina）	900+
1986 年 4 月	核子	蘇聯車諾比	45
2009 年 2 月	氣候？	澳洲灌木大火	209
1976 年 7 月	化學	義大利歐貝碩（Seveso）	0+
1979 年 3 月	核子	三浬島	0

為何當時對於車諾比事故的反應那般過度？這裡有個具有代表性意義的招認：瑞典輻射防護署最近發表文章，發表於斯德哥爾摩日報 [28]，由國際放射防護委員會主席霍姆（Lars-Erik Holm）博士等人署名。在文中，該署主

任們承認，當初他們設定的車諾比事故後安全規範太嚴，要求瑞典每人每年吃肉（受到落塵影響）的劑量少於一毫西弗。他們承認，在實際上這種作法會將劑量減至只有一毫西弗的百分之幾。結果，所有馴鹿肉的 78% 均銷毀，浪費納稅人的錢，也使得馴鹿牧民遭殃。

那種嚴格規範的背後思維，在於讓消費者毫不擔心在店裡所買的，反正每一項風險均很低。該文寫著：

> 也許我們為各消費者肩負太大的責任。

那似乎是真的，作者們不懂人類本性。使用嚴格管制而告訴民眾「安啦，不用擔心」並沒真正幫忙。幸運地，民眾沒那麼冷淡，若民眾覺得他們沒被適宜地完全告知，他們會過度反應，甚至恐慌。在瑞典，結果許多人被嚇到，許多優質的肉被銷毀。另外，該文也寫著：

> 對於許多人和媒體，游離輻射的問題是，該字眼引發危險的感覺。從輻射防護觀點，多年來至今，從嚴謹的輻射防護觀點，實在難以澄清「小量輻射並無害」……

因此，似乎是，他們錯誤的相信線性無閥值與缺乏自信領導，使他們身為有關當局，卻恐慌與定下過度防衛的決策，事後，他們後悔了。

早在 1980 年，於美國三浬島事件後，瑞典人已經投票決定淘汰核能。直到 2009 年 2 月，瑞典政府宣佈改變決定，而要建置新的核子反應器。

第七章 多重輻射劑量

輻射劑量可能指單一照射，或指某個期間，連續或間斷序列的照射。在原理上，這些並不同，急性劑量可用毫西弗為測量單位，而慢性劑量可以表達為單位時間的劑量，例如每個月的毫西弗量。如果輻射劑量是在某個期間施予，或是連續地施予，則其效應與一次施予總劑量有何差別？

類似地，將時間換成受照處，若將總劑量照射在單一位置，或將總劑量分散照射在全身各處，其效應各為何？或分散到一些人分上呢？

上一章討論的是急性劑量一次施予完畢。若為分散式，則問題就牽涉到第五章中所談的線性。若線性無閾值假說可用，不論某能量劑量（焦耳數）集中在較小或較大的組織上，則發展出癌症的機率將會一樣。更推廣而言，不管分散到許多人身上、分散到個人全身、或分散到某個時段，每焦耳輻射能量的傷害都一樣。若真是這樣，則可以整體劑量制定安全規範，而此規範將相對簡易地好用。不過，我們不只是要方便做事，更要看看證據是否支持這樣簡化的方式呢？

對於某個能量劑量，不同型式的輻射會有不同的傷害，就如上述的相對生物有效性。電子與光子最不傷害的

理由是，它們施予的能量相當分散，但在其他粒子流，情況就不同。每個粒子造成軌跡，具有碰撞事件的密度，而其量與電荷 z 和速度 v 有關，就如 z^2/v^2 所示，這稱為線性能量轉移（linear energy transfer, LET）[37]。因此，在同樣速度時，阿伐粒子（z＝2）的線性能量轉移為質子（z＝1）的四倍。通常在一般環境能量，電子速度快（光速），而質子與阿伐粒子速度較慢（因為較重）。因此，質子的線性能量轉移就遠高於電子的線性能量轉移，但遠比阿伐粒子的小。

來自光子與中子的中性輻射，並不直接施予能量，但是，光子可將原子的電子踢掉，而中子可撞擊原子核。因此，結果就如各為一系列電子流和低速原子核，而分別呈現低的與高的線性能量轉移的空間分佈。總之，線性能量轉移為不同型式輻射的主要區分方式，而可預期地決定相對生物有效性。因為積存輻射的不區分效應，相對生物有效性實在不可能和任何其他的有多關聯。

如果線性無閾值可用，我們應該可預期，對光子和所有的輻射，它們的相對生物有效性會一樣，亦即其值為一。若使用非線性關係，高線性能量轉移的局部能量密度，會對局部修補機制，比低局部能量密度的更大空間均勻度，加上更大的負荷。此說法顯示有空間尺度，若在任何距

---

37. 「線性能量轉移」一詞中的「線性」只是表示沿著直線（入射電荷的軌跡）。至於本書其他地方所談「線性」，意指前述正比例的說明，兩者意思不同。

離均有修補服務，就不會和局部能量密度有關。此空間尺度[38]通常擴展到「細胞、收發信號與一起合作」的組合，或集體過度負荷時會失效。此距離尺度似乎是空間中，劑量整合的範圍，而非時間領域的修補時間。兩者均為非線性關係的特性。

劑量分散到一天、一月、一年、或一生時，生物傷害有何變化呢？簡單的修補機制觀念讓我們預期，只要給予足夠的時間，累積的傷害應可消除。重點在於修補時間與傷害閾值。因此，宏觀來看，如果在任何修補時間內，劑量仍低於閾值，則不會有永久損傷。這是我們在第五章所討論的。若有幾種不同的修補機制，也許就有幾種不同的修補時間，但這只是猜測，是實需要依觀察所得資料而定；諸如 1945 年在日本的原爆，或蘇聯車諾比的核電廠事故等，均為單一事件，無法提供上述問題的答案。我們需要大量多重或慢性劑量，以知其效應的證據，本章將討論相關事宜。

治療癌症

關於非線性的主張，最有力的證據（雖有些爭議）來自一世紀癌症放射治療的臨床經驗。我們先解釋使用放射治療癌症。

癌症腫瘤為一組細胞，只顧其成長而無視於整個生物

---

38. 研究局部累積能量的領域稱為微觀劑量學，此為活躍的與重要的領域，主要觀念請參閱 Simmons and Watt [29]。

體的需求，若任其發展，它將為了自身發展而犧牲身體的正常功能，壟斷其產品和服務。若患者要生存，腫瘤細胞必須在到處散佈（轉移）前死亡。若已經散佈，則需施予逐步治療（減緩癌症的發展），以延長患者生命。否則，在不傷及（超越挽救的閾值）周遭健康組織與器官時，殺死腫瘤細胞應成為目標。各式選項包括手術、放射治療、化學治療、聚焦超音波；也有的使用或其組合。大致上，癌症發展的程度與其在身體中的位置，決定治療的方式。

　　治療需要精確地知道腫瘤的位置，與其三度空間的形狀，加上劑量瞄準腫瘤的方法，以便殺傷腫瘤細胞時，減少周遭健康細胞的損傷。這就需要講究施予劑量的方法，既能注意到精確明定邊界配合腫瘤形狀（亦即，高劑量梯度），也能放射線精準地殺死該區細胞，但放過短距離外的隔壁區細胞。

　　在放射治療，可用幾種方式施予輻射：外部加馬輻射、外部電子或重離子、或放射源植入手術（近距離放射治療）。

　　現代外部加馬射線束以電子產生，而以前則常用諸如鈷-60的外部放射源。表面癌症可用電子束或加馬射線（較低能量）治療，因為穿透不多，治療方式較簡單。較深度癌症的治療就麻煩些。

　　不管臨床治療使用什麼輻射源，在起始的放射治療規劃階段，要用腫瘤的三度空間掃描影像與其鄰近組織圖，使得施予治療的能量劑量為最佳化。但是，不像光束有透

鏡與鏡子可聚焦，帶電離子或電子、加馬輻射等無法用它們協助聚焦。因此，使用加馬射線治療時，不易針對目標，而許多能量擴散到不該去的組織。有些越過腫瘤、有些被健康組織吸收後才到達目標、更有不少則橫向分散掉，如圖十五所示。因此，這樣的治療作法並不理想。

英國皇家放射科醫學院的報告 [30] 指出，放射性治療的發展並非精確的科學，而是部分依靠經驗改善，其早期的成功往往來自治療表面癌症，若是治療深度的癌症，則實為相當大的挑戰。超深度穿透是使用數百萬電子伏特的較高能加馬射線。

這樣的輻射在皮膚表面下累積能量，然後依深度緩慢

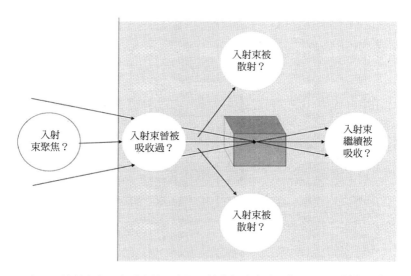

圖十五：放射治療深度腫瘤的示意圖。其中輕淡陰影區表示不要照射的組織，而深黑陰影區表示需要均勻照射的組織。

減少，部分輻射可穿透抵達腫瘤位置。為促進輻射能量在腫瘤位置的累積，就從不同的方向射入輻射，而在腫瘤區重疊。更進一步的改善聚焦形狀，是以電腦控制的鉛準直儀指引限制輻射束的橫向量。

　　例如，治療前列腺癌的規劃如圖十六。雖然這只是三度空間作業的切片，應足以說明其情況。此圖顯示相對於最大劑量的百分比輪廓線。內部 97% 輪廓線對應於受治療區，避開敏感的直腸區，但只少一些百分比。30% 輪廓線顯示，不同方向輻射對周遭組織足以造成顯著效應。即使 50% 輪廓線（粗線表示）劑量擴展到周遭組織相當遠。明顯地，在此個案，腫瘤所受的劑量與周遭健康組織所受

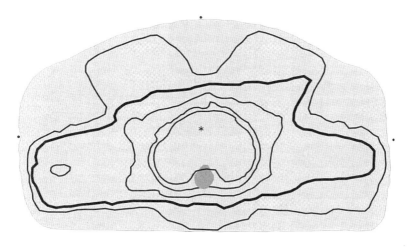

圖十六：放射治療前列腺癌的部分說明，在劑量最大量（星號＊）與輪廓線97%、90%、70%、50%（粗線）與 30%。直腸區以粗黑陰影表示。解剖表面的三個點代表登記標誌。（影像來自牛津 Radcliffe 醫院 NHS 信託基金會的醫學物理與臨床工程部門。）

的劑量相比，是少於二。

雖然這樣的瞄準還不夠好，這些治療是在主要醫院執行的，雖非總是救了命，但通常還是會的。其中的成功只要是依靠非線性劑量傷害曲線；雖然腫瘤所受的劑量與周遭健康組織所受的劑量相比，是少於二，細胞死亡的比率則遠大於二。為了比較說明，請參閱諸如圖九的非線性曲線，其斜坡相當陡；若使用正確的劑量範圍，10% 的劑量差異，可導致細胞死亡數兩倍的差異。缺點則為成功的治療相當地受到小劑量差異的影響（因為曲線很陡）。在實務上，需要控制劑量到百分之一左右。若劑量偏少，則腫瘤無法治療；若劑量偏多，則周遭器官會永遠受損。英國皇家放射科醫學院的報告 [30] 指出，以治療脊髓為例：

> 治療腫瘤時的劑量傷害關係曲線相當陡，4~5% 劑量的增加，可能導致治療腫瘤 10% 機率的增加。但在治療半身不遂時，許多放射腫瘤學家無法接受 0.5~1% 的風險增加。

最常導致放射治療事故的原因是，沒拿捏妥當「校準劑量與控制劑量」。

分次

表九：放射科醫師推薦的劑量與分次程序 [30]。對於加馬射線，
一戈雷等於 1000 毫西弗。

癌症	分次	總劑量	間隔
膀胱	30 x 2 戈雷	60 戈雷	每週五次
乳	16 x 2.7 戈雷	42.5 戈雷	每週五次
腋窩	15 x 2.7 戈雷	40 戈雷	每週五次
神經膠質瘤	30 x 2 戈雷	60 戈雷	每週五次
子宮頸	25 x 1.8 戈雷	45 戈雷	每週五次
肺藏	36 x 1.8 戈雷	54 戈雷	十二天內
前列腺	39 x 2 戈雷	78 戈雷	每週五次

　　最早的放射治療是在 1896 年 11 月 24 日到 12 月 3 日，
每天照射而共計十天。此拖長時間的治療原因在於儀器，
若設備改善，就可單次大劑量施予。但在二十年後，醫療
界發現這樣作不大有效。累積多年的經驗，今天的推薦治
療規劃為，所有的放射治療分幾次，恰巧和 1896 年的分
散方式相仿。細節或有不同，但一些英國推薦的數字在表
九。該規劃範圍從十二天到四十天。分次治療的缺點是拖
長治療時間而需要多次上醫院，這就減少治療的病患數
目、增加成本、無助於患者的經驗。

　　注意到修補的效應，就可理解，分次治療為何有效。
分次治療或部分治療之間，健康組織的 DNA 有時間可修
補，其修補時間依組織和年齡而定，約為幾小時（生物學
研究而知）。至於腫瘤，因其劑量更高，每次照射就會有
更大的細胞死亡機會。因此，周遭健康細胞於分次照射的

空檔時間會修補回復，而腫瘤細胞會逐漸損耗。更微妙的是，治療過程中，細胞凋亡清除了腫瘤內的細胞殘骸，而其內的氧氣濃度開始回復，這就導致下一分次治療時，腫瘤的氧化生物損傷。否則，至少起始時，比起健康細胞，活躍腫瘤中的低氧濃度，讓腫瘤較不易受輻射影響，而這就就不利於放射治療。

根據經驗，放射治療的功效依分次治療與分散治療時間（而非一次）而定，因此，疊加原理不管用，而其效應為非線性的。腫瘤中累積的劑量，如表九所示的 40~80 戈雷，讓周遭健康細胞在一個月的療程中，受到約 30 戈雷劑量，此量若在單一次劑量就太大[39]。若沒劑量回應曲線的非線性關係，放射治療就不會有效。雖然周遭組織吸收這些分次高劑量可能回復其功能，但可能有些成為疤痕形式的永久損傷。這是若首次不成功，就常不推薦反覆放射治療的原因之一。

放射治療的輻射劑量高，可預期的是，除了治療目標癌症外，輻射本身有時會導致新的疾病。理論上，有足夠的資料測量這些情況，因為受治療的患者數目很大。然而，干擾的效應讓這些研究呈現困難。一些令人信服的證據來自，比較婦女治療右乳和治療左乳時其心臟病發生率[31]。在 1970 年代和 1980 年代時，由於瞄準技術不佳，治療左乳比治療右乳時，心臟所受的劑量更大。調整兩組

---

39. 劑量單位戈雷和西弗可說相同。

婦女的外來干擾因素（諸如貧富、飲食、抽菸）為相同，在 20,871 位婦女中，治療乳房後十五年或更多年後，調查心臟病死亡的人數，分類的依據是她們是否有過放射治療？癌症發生在左乳或右乳？結果顯示，比較左乳受到放射治療的和右乳受到放射治療的，心臟病死亡率比值為 1.25。心臟受到的劑量未詳，但可能每天一千毫西弗的範圍。因為急性劑量一千毫西弗會增加心臟病 10%，如清水由貴子 [20] 所示，則應可推論，輻射傷害而後來會導致疾病的整合時間約為一兩天。

上述的時間不是很精確，但相當重要，因為我們由此可知，損傷導致疾病和損傷導致細胞死亡，兩者的修補時間大致上在同一範圍。可知潛在癌逐漸形成而無修補，並不正確；同理，卡第斯（Cardis）[25] 提到，晚到的碘的效應對甲狀腺癌發生率亦然。

今天，放射治療的針對性已比 1970 年代好，而且陸續的研究改進讓它更好，包括使用聚焦高能離子束取代光子 [32,33]。諸如碳離子等的離子束，比加馬射線更不會發散，又有相當明確的縱向範圍，因此，很大部分的能量累積於腫瘤內。以這些離子束治療，將形成更聚焦（緊密與重擊）區，而波及周遭的劑量更少。為了善用此改進的針對性，療程也需要離子束與腫瘤更對齊，並且追蹤心臟和呼吸的動作。改進的聚焦超音波（有些包含針對性的化療），也在治療其他癌症時，改善了針對性 [4]。

環境中的劑量

單一急性劑量的效應容易弄清楚。遭受超過 4,000 毫西弗的急性輻射劑量，其症狀常為數週內致命，但 1,000 到 2,000 毫西弗則不然。超過 100 毫西弗的急性劑量會在以後增加罹患癌症的風險，其值微小但仍可偵測出。若劑量小於 100 毫西弗，則不論如何，沒有風險。

然而，根據放射治療的經驗，清楚的是，急性與慢性或重複的劑量之間的差異甚大，即使將劑量分散到好幾天亦然，此事實在輻射安全的規範制定上被忽視了。一些輻射暴露率的比較如圖十七，以常用的每月劑量標示（亦即每月的毫西弗量）。為體會劑量間的差異，它們以區域顯示。

圖十七：比較每月輻射劑量率，單位為每月毫西弗數，以區域顯示。

a) 治療腫瘤劑量，大於 40,000 單位；
b) 治療時，健康組織遭受劑量，大於 20,000 單位；
c) 本書提議最大安全劑量，100 單位；
d) 若連續住在英國賽拉菲爾德（Sellafield）核廢棄物乾貯存場，每月劑量一單位〔每小時一微西弗〕；
e) 目前民眾安全時最大容許劑量，0.1 單位〔每年一毫西弗〕。

若恢復期間比一個月短，則慢性劑量每月 100 毫西弗將比急性劑量 100 毫西弗要安全（通常依受到劑量的組織和個人的年齡而定）。放射治療有效地假定修補時間為一日，因此，提議安全值為每月 100 毫西弗，其實是保守的。

　　慢性輻射劑量率每月 100 毫西弗，可視為和一次 100毫西弗劑量一樣安全，這樣的劑量率比治療時健康組織遭受的放射治療劑量率少二百倍或更多倍。我們會擔心照射導致結疤的副作用、有時的輻射誘發健康組織轉為癌症，但這樣高的倍率提供相當寬的餘量。另外，全身劑量的效應與局部劑量之間有差異。至少在散佈到全身之前，癌症通常在發生在化學或輻射壓力打擊之處，而輻射治療是以局部化的劑量殺死腫瘤細胞。若某器官和周遭組織遭受局部輻射劑量（並非全身暴露的一部分時），如要有緩解的效應（回復健康），則劑量必需小，而且在二百倍數內。

　　這就顯示慢性劑量率安全值每月 100 毫西弗，比國際放射防護委員會推薦安全值（每年一毫西弗）高一千倍，也比永遠住在英國賽拉菲爾德（Sellafield）核廢棄物乾貯存場（每小時一微西弗）時，每月遭受的劑量值高一百倍。「一千倍」反映現行輻射安全規範過度保護的程度[40]。若修補時間是一天，就如放射治療經驗所顯示，則此倍率就甚至更大了。但是，審慎地以一個月時間而定劑量是恰當

---

40. 在 1951 年，國際放射防護委員會推薦安全值「每月 12 毫西弗」，之後，該值被嚴格縮小一百五十倍。其實近代證據顯示，應從 1951 年限值再寬鬆六倍。

的，因可涵蓋恢復時間特性的範圍。它也符合（或超過）正常療養恢復時期。

剩下的就是一個可能性：是否慢性低劑量率（一年又一年的經歷）可能累積風險，具有甚長的恢復時間，或累積傷害而至於無法恢復？我們需要藉著大量人數，經歷多年或甚終生暴露於輻射中，以檢視證據。

氡氣與肺癌

我們需要再問一個問題：高的相對生物有效性或權重因子相對於加馬射線，例如阿伐輻射），對輻射導致癌症發生率的效應呢？這問題只能檢查額外的資料才能回答。

俄國異議份子里祕南科（Alexander Litvinenko）在英國被人以內服釙-210暗殺致死，此阿伐輻射命案讓許多人很關切。主因是放射源釙-210的輻射，對吸收釙的體內器官放射高度局部化的劑量，但在體外無法測得（短距輻射），難怪在當時，此離奇故事弄得民眾擔憂不已。也許你會問環境中是否有任何類似的輻射源？若是，萬一遭遇到，又有何風險？

事實上，自然環境有個類似的威脅，那就是放射性氣體氡-222，其衰變為排放阿伐粒子（半衰期3.8天）。如表三所示，這會自然發生，來自鈾-238的衰變序列，因此，這是自然輻射環境的一部分，其中還包括從岩石與其他物質釋出的加馬射線。氡氣的釋出有相當大的地域差異，依水、土、岩石等的鈾含量而定，另外，氡氣在排放到空氣中之前是否已衰變，也會影響其量。

即使在同一地區，家中或工作環境遭遇的氡氣濃度，也會有所不同。因為氡氣比空氣重八倍，它會在地上累積，若無特別抽氣通風，它會沈降在地下室與礦場。建築物牆壁與地板的材料，也會影響氡氣濃度，因此，每人一生中所接受的氡氣量就難以估算。但是，科學界努力去測量，也研究此測量值與肺癌發生率的相關性。氡氣濃度為某空氣體積中放射性量，單位是每立方公尺的貝克數（Bq m^{-3}）。國際放射防護委員會《ICRP 103 報告》[27，第 16 頁]提到，「按照慣例」，住家平均劑量每立方公尺 600 貝克「相當」於每年 10 毫西弗。不知到底這個「相當」有多確定就是。

諸如歐洲、北美、中國等，許多族群均已受研究過。歐洲人的平均暴露值約每立方公尺 59 貝克，但也有些人的環境不同，而其活性值高達每立方公尺 800~1,000 貝克。這些高放射性歐洲地區包括英國的德雲郡（Devon）和康瓦爾郡（Cornwall）、捷克、法國中央高原（Massif Centrale）。

各國的研究結果為「尚無定論」，亦即，其資料在統計上一致地顯示癌症和氡氣環境無關。因此，大量結合的研究已經在進行中，期望確認已有的結論，即使最糟也只是微小的效應。這些結合研究中，最常被引用的為達比（Darby）等人 [34] 所做的泛歐研究，他們後續還有更詳細的發表 [35]，根據其結合十三個國家各自的研究，其結論由世界衛生組織所總結 [36]：

這個研究的結果顯示，當非抽菸者暴露於氡氣濃度每立方公尺 0、100、400 貝克時，七十五歲前罹患肺癌的風險將分別為千分之四、五、七。但是，若為吸菸者，罹患肺癌的風險將大約二十五倍，亦即，分別為千分之一百、一百二十、一百六十。大部分的氡氣誘發肺癌發生於抽菸者中。

重要的是，小心檢視達比等人所得到的結論；其資料包含，在三十年期間，於居家與職場，各別氡氣環境的評估，其中 7,148 人後來在七十五歲前罹患肺癌，而 14,208 人則無罹患肺癌。世界衛生組織表示，癌症的發生主要為抽菸所致，因此，問題就是：因為氡氣，「額外」的癌症風險是多少？此問題讓人想起前述蘋果與梨子的比喻。採用線性假說時，來自氡氣的額外風險與抽菸無關，但在世界衛生組織所引述達比等人研究，則在氡氣濃度每立方公尺 100 貝克時，非抽菸者的額外風險為 0.1%，相對地，抽菸者的額外風險為 2%。明顯地，線性假說誤導我們二十倍。

圖十八顯示這些結果，這些並非真正的數據，而是使用最大概似分析法（maximum likelihood analysis），湊配數據而得到的模擬值，這些值密切地依所假設的模式而定。因為沒有氡氣時，抽菸者與非抽菸者的風險比為 25:1，模擬氡氣導致的風險，相對於無氡氣時的值，達比等人的分析假設添加氡氣，抽菸者的風險二十五倍大於非抽菸者。使用相乘的相對風險，就表示不認同線性假設。達比等人沒有提供細胞生物學的理由，為何他們選擇非線

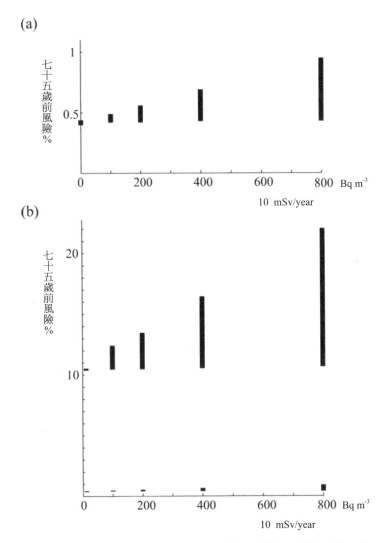

圖十八：不同時間平均的氡氣環境下，七十五歲前，死於肺癌的百分
比概率：(a) 只有非抽菸者，用大尺寸表示；(b) 抽菸者（上面線段）
相較於非抽菸者（下面線段），一起用小尺寸表示。這些資料為達
比等人提報的 90% 信賴界限（confidence limit）。（每平方公尺 600
貝克時相當於每年 10 毫西弗）

性，但是，明顯地，抽菸者比非抽菸者對氡氣環境更敏感。他們的風險不只是相加；但是，線性假說是建基於「疊加原則」，則可知，線性假說就不成立了。

在此可提出一個公共衛生的結論，光是抽菸，就可導致七十五歲前增加 10% 死於肺癌的風險。若又是住在高度氡氣濃度的環境，會施予免疫系統壓力，使得該風險值提升到 16%。但是，氡氣對非抽菸者的效應相當小，只是 0.1% 左右的風險，則應不足以成為擔心的對象。不過，不管如何，在樣本數 10,000 人的研究裡，統計誤差約 1% 是可預期的，因此，也許有人會質疑，對於非抽菸者，氡氣是否有任何確認的風險。事實上，圖十八顯示的誤差線段，和「不論抽菸與否，與氡氣無關」相符。

實務上，可以直言，沒有抽菸時，氡氣導致的風險小到無法顯示，即使以全歐洲為研究對象（巨大樣本數）亦然；因此，花費在減少居家與職場氡氣的大量資源，若改為用在勸導或阻止抽菸，則對於公眾健康會比較好。

輻射工作人員和鐘錶盤油漆工

還有其他團體成員長期受到輻射劑量，例如，放射學家，放射工作人員、夜光錶盤油漆工。他們的醫療紀錄和一般大眾有何異同呢？事實上，各種社會經濟階層者的健康情況相差甚大，因此，需要與「適當地混合未曾暴露者」作比較。

早在當年開始放射治療時，英國放射學家的死亡率就

一直和別的專業相比較 [37]。自從 1954 年的職業註冊以來，已有報告說沒有效應，亦即放射學家並無不同的死亡率；而在 1954 年之前，觀察到的效應一直都是零。但因為樣本數（2,698）太小，而且放射學家遭受的劑量未明，所以這些結論（證據）薄弱。

在 2009 年，密黑得（Muirhead）[38] 發表英國放射工作人員健康的報告。其樣本數更大，其各自的劑量也測量（評估）了。他們分析 174,541 位國防部或政府與相關研究產業的工作人員，其紀錄一直受追蹤到八十五歲或 2002 年 1 月（先到算數）。平均超過自然背景值的劑量為 24.9 毫西弗（累積了好幾年）。此劑量很低，但工作人員的數目很大，因此統計誤差很小。作者們分析資料以決定標準死亡比，亦即死亡的數目除以「人數相當但沒有暴露於輻射工作人員」的死亡數。因此，幾年來受到輻射的真正有害效應將反映在超過 100% 的部分，但也要考慮統計不確定性的範圍。根據密黑得 [38]，修正社會階層的影響後，所有癌症的死亡比為 81~84%，亦即，輻射工作人員比起其他行業者更健康，由此，我們可知輻射工作有益於健康。該研究的統計不確定性很小，因其樣本數 26,731 甚大，因此，其結論應很清楚。不過，作者們選擇解讀其結果在反映一個證據：雖然輻射有害，但是從事輻射工作者傾向於健康，稱為「健康工作者效應」（healthy worker effect, HWE）。當科學家將研究結果訂個正式名稱，並提出首字母縮寫（acronym），一些人會認為這是公認的結果。但

是此領域的其他人 [39] 倒沒接受其說詞。讀者可能較喜歡「一些輻射有助於健康」的說法。

曾經長期受到大量劑量的人是鐘錶盤油漆工。在 20 世紀前半世紀，使用放射性夜光塗料塗在鐘錶盤數字和指針上，由其發光可在黑暗中看到時間 [41]。結果，這些油漆工受到輻射污染，尤其是為了讓油漆刷子變尖細而舔刷尖者更是。釋出阿伐粒子的鐳累積在骨骼中，又因為持續存在，可精確地倒推其受劑量。此職業工作期間一直受到輻射，預期會誘發骨癌的風險。在一般民眾中，骨癌佔所有癌症的 1%，而 400 人中有一人會得骨癌。因此，混淆效應不高。羅藍等人 [40] 著名的研究中提出鐘錶盤油漆工的資料，191 位終生工作而劑量超過 10 戈雷者，有 46 人罹患骨癌（若其他職業者應可預期少於一人）。但是，有 1,339 人累積劑量少於 10 戈雷，而全無骨癌（若其他職業者應可預期少於三人）。不像暴露於氫氣的非抽菸者或輻射工作者，這是慢性終生影響健康效應的明確證據，同時也顯示不合線性閥值假說，又提供終生慢性劑量閥值約 10 戈雷的確切證據；此研究的結果最強而有力。

深度生物防衛

科學界研究活躍的領域之一為輻射生物學，其成果已經確認，演化提供細胞生物學高度的保護機制 [41]。

---

41. 由於阿伐或貝他衰變，在核電荷 Z 改變後，放射性同位素原子的電子釋放可見光。

第一層是細胞中產生的抗氧化物，可經由氧化損傷的刺激而得。接著是 DNA 的修補機制，分為不會出錯的單股斷裂（single strand break, SSB）和有時出錯的雙股斷裂（double-strand breaks, DSB）。然後是細胞死亡與計畫性的死亡（包掛任何 DNA 錯誤的整個細胞丟棄）。最後，免疫系統的「種族大清除」效應，殺死被偵測到「非我族類」的細胞，這是對來自雙股損壞沒修妥的任何可能突變之主要防護。輻射生物學家現在大致清楚，在微觀層次，這些機制如何整合而保護生命，以防護來自一般氧化攻擊的主要摧殘和偶而的輻射效應。但是，美國國家科學院發表的游離輻射生物效應（BEIR）[42] 反對「防護輻射損傷和防護氧化攻擊很不一樣」。事實上，此報告引用的數字與其結論不一樣。它提出文氏圖（Venn diagram）[42，圖 A1-1]，其內容總結於表十。

這顯示兩種情況下的基因情況：一是過氧化氫（惡名昭彰的化學氧化劑）導致氧化損傷的兩個研究，二是輻射導致損傷一個研究。此兩個過氧化氫研究的相互重疊是 36%，可說相當符合，因為兩者的方法並不一樣。但是，類似地，抗輻射與此兩過氧化氫的氧化研究，其基因之間各為 82% 與 28% 的重疊，彼此相當符合。其實和任何細節無關，證據似乎確認，有許多相同的基因參與抗輻射與抗化學氧化的攻擊。

表十：比較三個酵母研究（一個輻射、兩個過氧化氫）抗損傷
的基因 [42]。此研究以配對方式互相比較，每一對的重疊
指兩研究找出的基因數目，百分比是重疊除以兩研究各
自找出的基因數目。[42]

研究配對的比較	各自的基因數	重疊
輻射和過氧化氫 A	470 與 525	448 = 82%
輻射和過氧化氫 B	470 與 260	158 = 28%
過氧化氫 A 和過氧化氫 B	525 與 260	207 = 36%

輻射可刺激各式的修護機制，而提供的額外適應保護
會持續一段時間。法國國家科學院的報告提供了目前的知
識 [22]，其他的最近研究包括聯合國原子輻射效應科學委
員會（United Nations Scientific Committee on the Effects of
Atomic Radiation）報告 [43]。諸如密歇勒（Mitchel）與玻
耳漢（Boreham）[44] 的研究，有相當多的實驗室證據顯
示線性無閾值假說的誤謬、生物組織對輻射有適應性的回
應。他們顯示，若細胞在某時段中，受到連續的低劑量，
則隨後雖有單一高劑量，其死亡率會降低。在其他動物的
實驗也看到對應的效應。

有益效應通常稱為激效（hormetic），聽來有意思，
但某個程度來說是有些岔離主題。觀察到的激效並不特別
顯著，反而是現行的輻射安全規範的不適切度很明顯；激
效強化凸顯矯正輻射效應的觀點，但也不是非有不可。激
效並非大的效應，是可預期的，因為各式的輻射防護機制
（抗氧化劑、DNA 修補、免疫學），已經由正常的氧化

---

42. 資料 A 與 B 分別來自葛恩（Game）等人與碩波（Thorpe）等人。

攻擊而激起，輻射並非主要的「演員」。即使是廣島與長崎倖存者而死於癌症者，因為輻射導致癌症而死亡者的數目，為正常人死於癌症（其原因應是氧化攻擊引起）的二十分之一。

重點是，輻射生物學家的描述的內容搭配得宜，而至少可部分解釋實際的非線性機制。無疑地，未來會有更多的細節方便釋疑，但存在閾值的原因只是常理，而微妙的生物防護機制讓人驚艷。在我們考慮積極實現民用核能科技是否安全時，此機制可視為對人類的大好消息。

第八章 核能

瞭解核能

在第三章，我們描述每個原子核留在原子的中心位置，可說長期沒任何活動，例外的情況是，經過磁場與無線電波時（如在磁振造影），可能緩慢迴轉。但圖四顯示，原則上，經由重原子的核分裂或輕原子的核融合，核可釋出巨大能量。但粗略來說，這些核分裂和融合的變化並不會發生（除非在太陽中的特殊條件下）。

核分裂的一些數字可說明：所有天然核種，只有鈾 -238 和鈾 -235 會自然分裂。鈾 -238 的半衰期是 $4.5×10^9$ 年，但其自然衰變的比例只有 $5.4×10^{-7}$。至於鈾 -235 的半衰期是 $0.7×10^9$ 年，而其自然衰變的比例只有 $2.0×10^{-9}$，因此，一個鈾 -238 的核分裂速率為每年 $8×10^{-17}$。鈾 -235 則為每年 $2×10^{-18}$。這些速率實在特別，因為自從地球形成後，一百萬個鈾 -238 原子中只有一個核分裂，而鈾 -235 的分裂率則更小。事實上，天然（自發）核分裂遲至 1940 年才發現，這是德國科學家哈恩（Otto Hahn）、史特拉斯曼（Fritz Strassmann）、麥特娜（Lise Meitner）在柏林發現中子誘發核分裂之後兩年的事（當然囉，該時間點 1938 年 12 月與地點，是未來會發生戲劇的一部分）。但為什麼原子核

如此不願經由核分裂釋放它們的能量？

答案和「太陽的中心必須很熱以達到核融合」密切相關。圖十九（a）顯示原子核，從左邊為完整原子，逐漸向右而分裂為兩個原子。此兩半原子的位能為其「電荷長距電相斥與短距核相吸」之和，如圖十九（b）所示。圖十九（c）和十九（d）的曲線顯示，淨位能包括這兩效應加總，分別為兩個輕核的融合與一個重核的分裂。當兩半接觸時，核力主宰其間的作用，但若它們稍微分開，則它們分離太遠，除了電相斥的顛覆性影響外，而沒有任何感覺。

因此，能量曲線形成一個大「山頭」，分隔單一原子核與兩分離半核。此山頭源自電荷，稱為庫侖勢壘能（Coulomb barrier），紀念法國人庫侖（Charles Coulomb，十八世紀的靜電領域先鋒）。

若要發生核分裂，它們必須在分開後有最低能，也必須可越過此障礙（勢壘能）。此山頭妨礙需要這個傳達能量的變化[43]，一旦通過此障礙，此兩半核可滑下剩下的山坡，兩半核相距越遠時迅速地獲得越多的動能。

對於核融合，情況剛好相反，兩個小原子核在一起時必須有最低能 E，又需能超越障礙聚在一起，如圖示的從

---

43. 量子力學可幫上忙。粒子可能「穿隧」（tunnel）出過山而得緩慢洩漏，否則，障礙更有效。有個類似的效應為允許緩慢阿伐粒子衰變。穿隧速率依山高的指數（exponential）而定。量子穿隧在電子產品上也很重要。

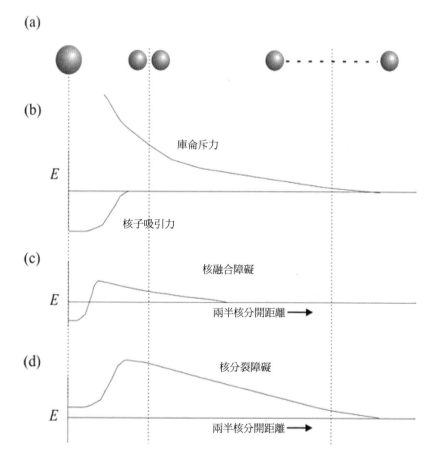

圖十九：對於一個原子核，兩個半核的能量依距離而變化的情況，在一起時（左）、剛分開（中）、遠隔（右）。（a）圖。（b）沒照比例繪製的「相斥與相吸」兩個能量成份。（c）兩個輕原子核融合的淨能量。（d）一個重原子分裂成為兩半的淨能量。

右到左。核融合的曲線在細節上與核分裂的曲線不同，因為電荷與距離更小。只有在它們很靠近時，此兩輕核感受到核力的超級吸引，又以結合核的能量滑下坡。為了從核融合得到能量，超越其障礙的方式包括極高溫與高壓，就像在太陽中的情況。我們面臨的挑戰是，在地球上要以控制融合的方式發電。望向未來，人類利用核能的重要方式應為核融合，而其發電廠應可望在未來五十年內成功 [45]。在另一方面，想用「詭計」或魔術發現以克服障礙而得核融合，並不預期會成功 [44]。

因此，環境很熱而可提供額外能量經過障礙與內聚時，就可得融合。但是核分裂呢？能量如何送到鈾核內部的成份，讓它們超越障礙呢？答案是吸收中子。因為電中性，中子能直接穿過障礙而進入，提供能量產生激發核，然後有額外能量越過障礙而快速分裂。更進一步地，在核分裂過程，產生額外的中子，而可進一步引發更多核分裂，就可維繫連鎖反應。

首度人造核分裂反應器需要使用鈾 -235，因為自然界沒有其他可核分裂物質存在 [45]。鈾 -235 在天然鈾礦中的濃度為 0.7%。此濃度的鈾 -235 自身在反應器中並無法持續連鎖反應，因為太多中子會被燃料裡占多數量的鈾 -238 吸收掉。因此，反應器需要中子緩和劑（moderator），否則，

---

44. 近來有個「突破」，稱為「冷融合」（cold fussion），以為有效，但是，可預期地，該期望並沒實現。

45. 可核分裂物質指能持續核分裂連鎖反應之物。

鈾-235 相對於鈾-238 的濃度必須濃縮，如後解釋。第一個人造自行持續核子反應器是由義大利裔美國物理學家費米（Enrico Fermi），於 1942 年 12 月在芝加哥大學球場建造的。

第一個反應器提供中子源，有了中子就可製造鈾-235 以外的核分裂燃料。例如，放在這樣的鈾反應器中，天然的釷-232 會捕捉額外的中子，以形成釷-233，它會排放貝他射線，而衰變成鈾-233。類似地，鈽-239 來自鈾-238，因為經過吸收中子，然後連續兩次貝他衰變。鈽-239 和鈾-233 為可核分裂物質，維繫連鎖反應。鈽為地球上沒有的全新化學元素，直到 1940 年才人工做成。

庫侖勢壘能的重要效應是，很難使得物質具有放射性。將游離輻射之源對準物質，並不會有那效應（使該物具放射性），除非該能量超高。中子會有此能力，因為它們得以穿過障礙，但是中子束並不會存在於環境中，因為它們不穩定，幾分鐘內就衰變光光。電子和加馬射線對核結構幾乎無效應，質子和阿伐粒子因為庫侖勢壘能而無法使得其他原子核具有放射性。因此，**除了中子，使用輻射並不會使物質具有放射性。這是輻射與核子安全最重要與讓人放心的事，在考慮使用諸如輻射照射食物或消毒醫院供應品時，我們需要體會此科學知識，而非擔心輻射照射導致食物或醫院用品產生放射性。**

爆炸裝置

　　雖然我們實在對核子武器沒興趣，也寧願避開它們，但還是要知道核子科技的異同，尤其是知道核子武器燃料比起一般民用核能電廠燃料，為何有那麼大的差別。

　　核分裂武器需要在高純度可分裂燃料（鈾 -235、鈽 -239、或鈾 -233）內，快速引起中子誘發的連鎖反應。這些燃料的每個原子核分裂後，進一步釋放兩個或三個中子。每個這樣的中子有很大的機會在下一個原子核誘發核分裂，進而釋出更多中子和更多能量。若燃料量偏少或太稀釋，則有太多中子經由表面逃逸，而無法開始誘發連鎖反應，此情況稱為「次臨界」（sub-critical）。要造成爆炸，需聚集兩個或更多次臨界質量物質，以造成超過臨界限制的質量，引起連鎖反應。

　　時機很重要，必須在連鎖反應前聚集完成臨界質量，否則，燃料在全力爆炸前會自行（「缺力」）炸掉。有效率的爆炸必須避免過早啟動，亦即通稱的「嘶嘶微弱地結束」（fizzle）。這需要聚集質量比誘發中子連鎖反應更快。時機的掌握需求限制了核分裂炸彈的最大尺寸，更大時就無法快速地聚集，以避免微弱地結束失效。已經用過的兩種聚集方法為砲管法（gun barrel）與化學促成的內爆法。砲管法就是將次臨界質量打到第二個質量的洞內，此法可用在鈾 -235，但對於鈽 -239，此法太慢而需內爆法。

　　燃料內臨界質量的連鎖反應僅在第一個中子出現後才開始。此第一個中子從哪裡來？若是來自天然的自發核分

裂，則其時機為隨意的，而且，如果此隨機的機率高，則連鎖反應會開始得早，導致微弱地結束。否則，中子誘發的開始可用中子起始劑（initiator），例如，在臨界時間使用混合鈹 -9 與鉲 -241 的中子源。鉲釋放阿伐輻射，而與鈹反應產生碳 -12 與所需的中子。此中子通率提供連鎖反應所需的「按鍵啟動」，而其時機恰好是在聚集質量完成後。

表十一：一些可核分裂的同位素、其核分裂比值與核分裂速率
（每公斤每秒）

元素 （- 原子量）	半衰期 年	自發核分裂	
		比值	每公斤每秒的速率
鈾 -233	2×10^5	1.6×10^{-12}	0.5
鈾 -235	7.0×10^8	7×10^{-11}	0.06
鈾 -238	4.5×10^9	5.4×10^{-7}	6
鈽 -239	2.4×10^4	4.4×10^{-12}	10
鈽 -240	6.6×10^3	5.0×10^{-8}	4.1×10^5
鉲 -252	2.6	0.03	2.3×10^{15}

因此，核武器中的燃料必須具有高的中子誘發核分裂速率，但天然自發核分裂的速率要低。表十一顯示一些相關同位素的自發速率。原子量越大時，其自發核分裂速率急遽增加。因此，例如，若燃料中有任何鉲 -252 含量，就會導致微弱地結束失效。即使鈽 -240 也會導致失效，除非其濃度很低。

表十一內的所有同位素會吸收一個中子，導致激發狀態核而後核分裂。但是，因為核力提供優先能量給成雙的核內中子（質子亦然），這類元素鈾 -233、鈾 -235、鈽 -239

等，就方便核分裂，即使吸收的中子能量低時亦然。但是，鈾-238 就不然，它在吸收一個中子後變成鈾-239，其中子數成為奇數，就無中子配對的優勢，因此，它可用的能量較少而無法克服庫侖勢壘能。結果，它通常排放加馬射線而非核分裂，除非原先吸收的中子能量很高。所以，鈾-238 就不能當作核武器的燃料。但是，它仍然儲存大量核能，可用在民生核能發電用途，就如釷-232。

鈾-233 可能成為武器燃料，也曾被測試過，但在儲存時，累積相當濃度的鈾-232，後者釋放高能加馬輻射，這就使得鈾-233 成為危險的選項，不方便成為武器，因為在實際的搬運與維護上均麻煩。

結果，只剩鈽-239 和鈾-235 成為武器的較佳選項。在此兩項，武器級燃料必須沒有其他同位素。鈾燃料必須有超過 80% 的鈾-235，以避免鈾-238 吸收中子；而鈽燃料中的鈽-240 濃度必須低於 7%，以避免微弱地結束失效，因其自發核分裂速率高。但是這些需求並不適用於民用發電的燃料，因其純度相當低就有效，而和微弱地結束無關。鈾-235 的臨界質量約 20 公斤，而鈽-239 的臨界質量約 6 公斤。

圖二十顯示炸彈裝置，包含一些同心成份，而以化學炸藥內爆開始爆炸歷程。在中心的是中子起始劑，環繞的是核分裂燃料，接著是重的中子反射物，其原子量高而可反射中子回到燃料中，以減少表面損失。化學炸藥產生內爆速率高達每秒 5,000~7,000 公尺，以震波壓縮燃料和中子反射物向內；全部包含在鋼鐵圍堵容器內，以反射起始的震波向內。

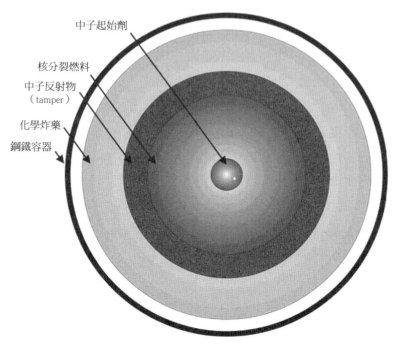

中子起始劑

核分裂燃料

中子反射物
（tamper）

化學炸藥

鋼鐵容器

圖二十：核分裂型的核武器成份關係圖。

　　要將鈾 -235 濃縮成為武器級燃料需要大規模高科技
工業工廠，消耗能量甚多。雖有不少濃縮的方法，但沒有
一個是容易的，因為鈾 -235 與鈾 -238 此兩同位素的質量
只差 1%。早期的分離方法使用質譜儀，後來用擴散法。
燃料的原料是六氟化鈾化合物，它在常壓與超過 57℃ 時
為氣體，因此適合使用擴散法分離。因為鈾 -235 比鈾 -238
輕盈 1%，前者的六氟化鈾分子就在穿過擴散桶時，比後
者的六氟化鈾分子更快速通過，但其差異不大，而需要
一千四百個擴散階段，以達到 4% 純度（鈾 -235）。若要

武器級濃度，還需更多階段。

　　今天的分離工廠使用高速離心分離機，而非使用擴散；在 1940 年代時尚無這種離心機，因為當時的材料科技尚不足以支撐使用到的力。直徑 15~20 公分的圓筒每秒旋轉一千次，使得六氟化鈾氣體受到一百萬倍的重力，這就可讓圓筒中心的鈾 -235 比邊緣的濃縮許多 [46]。製造武器級燃料需要許多這樣的階段，而民用核能反應器的燃料只需更少階段。新濃縮方法比舊法更緊密與省能，而微妙的政治問題是，如何藏好這些設施，使得鄰近國家和國際監視者看不出來。

　　若不濃縮鈾 -235 來用，另一方式為使用鈽 -239，也是相當濃縮。這可用反應器，讓鈾 -238 吸收中子，接著是兩個接連的自發貝他衰變。但是，鈽 -239 一旦在反應器中製造後，容易（高機率）進一步吸收中子而變成鈽 -240，因為鈽 -240 會使得炸彈嘶嘶失效，因此是武器級鈽 -239 燃料最該清除的污染物。因此，在鈽 -239 有時間吸收中子之前，需經常從反應器中取出鈾燃料（與鈽 -239），結果，這是最沒效率的使用反應器燃料方式；通常需處理 10 噸鈾以產生臨界質量的鈽 -239。一個國家若想要以民用核電廠，以製造武器級的鈽燃料生產，藉發電以掩蓋其軍用之實，就得花費許多時間關掉反應器，以執行額外的燃料更換（否則不可原諒）。這些燃料更換與建置所需的燃料再處理廠，使得外人一下子就知曉在製造鈽燃料做武器。在每個反應器，這些活動均定期地受到國際組織的監視，

是否在從事武器級鈾的濃縮工作。

　　人類首度的鈽彈為測試裝置，被暱稱為「三位一體」（Trinity），1945 年 7 月 16 日於美國新墨西哥州沙漠爆炸。1945 年 8 月 6 日與 9 日，投置於日本的兩顆原子彈，一用鈽，另一使用鈾。結果是，不需進攻日本領土，就讓第二次世界大戰於 1945 年 8 月 15 日結束。

　　因為在時間限制下，生產大量臨界質量燃料相當困難，因此，任何核分裂武器有尺寸的限制，投置於日本的兩顆核分裂炸彈相當於 1,5000 和 2,2000 噸黃色炸藥。核融合的熱核武器就不會在這方面受到尺寸的限制；在冷戰時期，有許多爆炸測試，但沒有實際用到戰爭上。就如核分裂武器使用化學炸藥壓縮核子燃料，核融合裝置的燃料是用核分裂產生內爆以壓縮和加熱核子燃料。需要這麼做的原因是，氫氣需要達到相當高溫與高密度，時間又長到足以讓原子核克服庫侖勢壘能，此障礙在兩核有單一電荷時（即是氫氣）最低。氫彈不用普通氫氣做燃料，而用其同位素氘與氚，核融合產物為氦 -4 與一個中子。因此，建造核融合武器的技術，需要核分裂當起始劑，此兩者的可行性密切關聯。

　　化學爆炸和起火很不一樣。火中的能量為在某時段內漸進地排放，若無控制可能是危險的。但是爆炸很不一樣，因為能量一下子立即釋放完畢，而產生震波與炸力。可燃物質與炸藥不一樣，它和核能也不同。民用與軍用的核子燃料不同，建造民用核能電廠的技術與建造核武器（核分

裂或核融合）的也不一樣。重要的是，生產核武器燃料的核子反應器，其設計與操作和民用單純產生電力的不同。用來產生武器燃料的反應器，稱為滋生反應器，在此氣候變遷時期，不應成為民用核能計畫的一部分。

核分裂產生的民用電力

在冷戰時期，許多核分裂核電反應器，也設計成可產生武器級燃料，這在民眾心中留下不幸的陰影。但是，核子反應器設計的歷史，也是其他層次的問題（材料、控制工程、公司財務）的紀錄。

過去五十年來，材料科技的改進讓生活的每個層面均受到利益。例如，我們預期在嚴厲情況下運作，不會失去功能的塑膠、耐久的結構。新技術的演化在發展初期總是痛苦的，但在最後是成功的。最近幾十年，有限元素分析、電腦模擬、監視系統等，促進發展的速度與可靠性。一個好例子是柴油引擎，最近五十年來，其設計已經轉型。類似地，核能電廠的效率與可靠度也不例外。

在發展初期，所有的技術遭受財務之苦。例如，自從十九世紀中葉，資訊通訊技術產業首度嘗試舖下與操作橫跨大西洋纜線以來，一直是繁榮與蕭條的交替循環。但是，沒人會說它沒有造福人類。類似的信心起伏也反應在核能產業上，雖然政治壓力產生的軍用與民用計畫關聯，使得該情況更嚴重。今天，軍用與民用的連結很不妥當、不必要、相對地容易受到監視。不妥當的原因，不只是因為在

民眾心中，它們連結核子武器與民用核能發電，這也變成核子產業主要的形象難題。

反應器真正重要的安全特徵為關於產生能量的控制和穩定，而它們依某些通用原則而定。若它們失效，其他的安全系統接手，使得反應器內容物不會排放到外界環境。

為瞭解反應器運作的方式，一個明確的方式為依其能量流，從燃料原子核開始，直到電動渦輪機供應電力網。首先，反應器爐心內的燃料棒原子核吸收一個中子，然後分裂，也釋放出兩個或三個中子，又釋放核能。燃料棒浸在緩和劑中，它由低質量原子作成，特選來將中子釋出能量轉換為熱。中子彈性地從這些低質量原子反彈，在此過程中與它們分享動能。然後，緩和劑材料轉移其獲得的能量，經由熱傳導或對流，傳到初級冷卻迴路。熱交換器將此能量傳到次級迴路，然後到發電機。這些階段的細節，因為不同反應器的設計可能會有不同。

圖二十一（a）為簡化的法國亞瑞華公司演化核電反應器（Areva Evolutionary Power Reactor, EPR）[47]的圖示，本書以它作為現代設計的範例。在此個案，緩和劑是水，也在初期迴路充當冷卻劑。圖二十一（b）顯示反應器爐心、燃料成份的排列，若要關掉中子通率，就插入中子吸收棒。反應器爐心的壓力容器之下是核燃料包含物分散區（corium spread area），萬一需要情況發生時，用來存留雙圍阻體容器內的過熱核心。本圖省略了四重平行安全控制系統，但在亞瑞華公司網站則有描述 [47]。

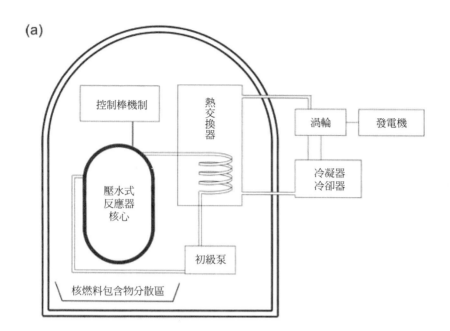

(a)

控制棒機制

熱交換器

渦輪

發電機

壓水式反應器核心

初級泵

冷凝器冷卻器

核燃料包含物分散區

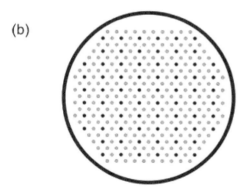

(b)

圖二十一：（a）現代核分裂反應器的一般特徵，在此例是水冷卻與緩和，以雙壁圍阻體容器隔離。（b）壓水式反應器爐心容器剖面圖顯示燃料棒與中子吸收控制棒的排列方式，它們浸在水中，以水當冷卻劑與緩和劑。（此為法國亞瑞華公司演化核電 16 億瓦電力反應器的簡化圖，壓水式核心容器高 12.7 公尺 [47]。）

核子燃料「用過」後需要更新，至於多久換一次，則由燃料成份的結構整體與核分裂產物的總量決定。燃料充分用完時稱為「燒光」（burn-up），以百分比或以每噸的「百萬瓦－日」（megawatt-day）表示。通常在反應器中，燃料成份可用到三年才更換。

好的緩和劑有何性質呢？關於緩和劑與冷卻劑，除了水，有何其他選項呢？

若中子能量低，中子誘發核分裂鈾 -235 或鈽 -239 的機會會增加。因此，以緩和劑降低中子的能量，則會改進核分裂的速率，也在中等能量時減少鈾 -238 的吸收中子[46]。緩和劑低質量原子將帶能中子弄慢的有效性，可由下述說明。若兩相同質量的球相撞，不論哪一球原來的能量更高，在互撞後，兩球將均分能量。在另一方面，若較高能的球比較輕，它僅是從較重球反彈，而沒什麼分享[47]。若要將「與中子分享能量」最大化，就選輕原子緩和劑，例如，石墨、水、重水[48]。理想的緩和劑吸收一些中子，因此，在無須濃縮燃料的情況下，連鎖反應會持續。包含低質量氫 -1 的普通水為好的緩和劑，也很便宜。但

---

46. 此問題需要小心分析。燃料與緩和劑混合物的顆粒度很重要，就如在小數目的大步伐方面，而非大數目的小步伐（會在許多狹窄共振能量上增加吸收的風險）方面，緩和劑減少中子能量的能力。

47. 若中子撞擊電子，中子的確會很有效地冷卻下來，但因為中子沒有電荷，電子無強核力，這樣的撞擊不會發生。

48. 在重水，同位素氫 -2（氘）取代通常的氫 -1 存在。因此，重水只是比普通輕水的密度高 10%（20/18）。重水在普通水中只占 0.015%。

是，因它吸收中子，燃料就需濃縮到 5%。中子通率就用加硼的水精細地調控，因硼可增加中子的吸收。重水不是強吸收劑，因此，不需濃縮燃料，但是重水稀少。石墨當緩和劑並不那麼有效，而且使用石墨的反應器比較大。另外，石墨的結晶結構從撞擊的中子吸收能量時，若沒小心處理，此能量 [49] 會無意中釋放，這就是 1957 年英國聞司克（Windscale）核子事故的肇因 [24]。

初級迴路冷卻劑的選擇依「核心溫度、循環繞經核心後不能變得太有放射性的需求」而定。不同的設計使用水、二氧化碳、液態鈉。循環的冷卻劑液體必須從圍阻體內部傳送能量到外部，熱交換器分開初級迴路的冷卻劑與次級迴路（供應渦輪發電），這就改善後者的妥當隔離，避免任何可能的放射性污染。

我們的目標在於有效的轉換核能成為電力、反應器的穩定運轉、圍阻放射性物質、降低成本；這都是評估各式設計的項目。影響總能量輸出（亦即成本效益）的其他因素，包括添加燃料的週期、關機維修時期的程度、反應器的工作壽命。

熱能轉化為電能的最高效率稱為卡諾效率（Carnot efficiency[50]），這和熱源的絕對溫度有關。因此，渦輪的轉換要有效率，則冷卻迴路的工作溫度就要高。雖然高溫可改

---

49. 此稱為維格納能（Wigner energy）。

50. 對於理想的熱力引擎，其值為 $1-T_1/T_2$（T_1 是排放的絕對溫度、T_2 輸入的絕對溫度）。

善效率，但會限制冷卻劑的選項，也讓反應器內的物理與化學環境更不友善，也影響反應器的老化與維修的容易度。法國亞瑞華公司演化核電反應器的設計是，操作條件在反應器壓力 155 個大氣壓、溫度 310°C，而得效率 35%。在高溫操作的重要性相當明顯，因為效率仍然只得中等。反應器功率以 GWt（十億瓦熱能）表示，或更常以 GWe（十億瓦電力）表示，兩者的比值即為效率。上述的效率 35% 表示總輸出能量的 65% 消失掉，成為冷卻塔或海水的溫水，而此值為產生電量比例的兩倍之多。大量的低質熱能不易使用，但若有優質規劃，就可善用部分的排放能量，例如，給附近的家庭和溫室使用。這種作法也適用於石化燃料發電廠。如果發電廠廠址優先選在遠離市中心處，這些善用排放能量的選項就少了；通常基於政治的原因，核能電廠總是這樣的，尤其建設在海邊，以利用大量冷卻海水，又可得較佳效率。此排放的海水還可給海水淡化廠使用。

　　若要反應器穩定地供應能量，就需核心的每部分獲得穩定的中子通率。為了要穩定，平均地每個核分裂必須產生剛好足夠的中子，以便產生恰好另一新的核分裂。這和中子能量頻譜有關，因它決定吸收率與核分裂率之間的平衡。另外，密切相關的是，緩和劑的溫度與密度，這就產生出兩個問題，首先，反應器對吸收劑的改變（例如，控制棒的位置），回應得多快？

　　在核子武器中，需要炸藥以產生機械速度，而改變所需的中子通率。幸運地，反應器內的中子通率各有千秋，

其反應則緩慢，因為一些核分裂中子來自短命而富含中子的核分裂產物衰變，因此，其釋放就延遲了。所以，對於控制棒位置的小改變，反應速率的回應溫和，緩慢的機械回饋是足夠了。

第二個問題就是穩定度。若中子通率增加一些，使得功率輸出與溫度均增加，則上升的溫度會減少中子的通率與導致新的平衡，或更增加中子的通率嗎？這樣的溫度穩定為任何現代反應器設計的重大要求。若要穩定操作，當反應器溫度增加時，中子導致的核分裂率，應該在沒有任何干涉時自行下降。這就依設計的緩和劑與其他細節而定。一些包括車諾比的早期設計並沒這種內建的穩定度。

萬一發生喪失電力或其他緊急事件，中子吸收棒應該自動掉插入核心，以停止中子通率，並且停機，但是冷卻仍應繼續維持。若中子通率減至零，反應器也全關，則反應器仍然繼續產生能量，其來源為衰變熱，但其量為未關機前反應器輸出量的 7%，然後迅速衰減，接著變慢，原因是熱量來自許多放射衰變，而其能量遞減均呈現指數的方式，其中有些元素是長半衰期的；此減少趨勢如圖二十二。一個小時之後，功率掉到 2%，一天後則剩下 0.5%。這明顯表示，緊急關機後仍需相當的冷卻。在法國亞瑞華公司演化核電反應器的設計，此冷卻由待命緊急柴油泵，由額外重力供應的水當備用。即使在非常罕見的情況下，上述措施均失效，核心又過熱，而且反應器壓力容器失效，則反應器燃料必須維持住。設計者已經想妥，在

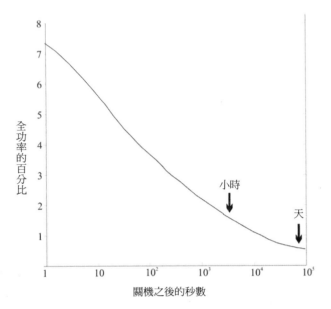

圖二十二：關機後，反應器功率的衰減（衰變熱）。

此極端不可能情況下，將核心可能散落處以圍阻體圍住，熱放射性核心物質可在沒有釋放活性到環境之中，逐漸冷卻。更多細節可在法國亞瑞華公司網站上找到 [47]。

　　若因為電力需求上下波動，就要將核能電廠開開關關，則會執行困難，又很沒效率，因為關機後還會釋放衰變熱。這樣的開開關關會增加核子反應器的老化，最終會減少其工作壽命，這就是為何核能最好用來當基載，而使用諸如水力或燃氣等更容易開開關關的發電方式，來提供波動補充之用。

獲得能量而非武器

化學爆炸由分子的激發而觸動，而常溫時這些分子被鎖在不穩定狀態。此激發可以是電的或熱的，爆炸的結果是釋放能量與氣體（通常是氮氣）。這樣的炸藥中，最有名的是黃色炸藥，是諾貝爾在 1866 年發明的。1888 年突然冒出一個他的訃聞（其實他還活著），譴責他發明火藥：「死亡之商人完蛋了」（Le marchand de la mort est mor）[51]，接著說：

> 諾貝爾博士致富的原因，來自找到前所未有的方法，能夠快殺更多人；但他昨天魂歸西天。

據說此鬧劇促成他死前決定留下更佳的形象。所有曾經奠定核子科技基礎的偉大科學家，以榮獲諾貝爾獎的方式分享該遺產。

根據化學燃燒原理，導致單純火災的燃料不同於化學爆炸物。會燃燒的燃料實在很常見，但是會爆炸的燃料就少見了。類似地，在和平用途的核子科技，其相對單純的燃料不能用來當核子炸彈。因此，在此兩個案，燃料是不一樣的。在核子個案，它們需要相當不同程度的同位素純度，不會無意中混淆；不過若要，當然還是可以故意混淆，但這是欺騙與政治的問題；若想以科學的方式欺騙，則其端倪不易藏匿。

民用反應器中的鈾燃料，只是用來產生電力，不必

---

51. 此拉丁文的意義是「死亡之商人完蛋了」。

再濃縮鈾 -235，或說濃縮得高於 3~5%，亦即，不需更高的純度。至於鈽燃料，若鈽 -240 的比例高於 19%，即稱為反應器級的鈽，這樣的燃料相當安全，它們無法用來產生有效的核爆炸，因為那將需要鈽 -240 的濃度低於 7%，而移除鈽 -240 以純化鈽 -239 實在相當困難，甚至比濃縮鈾 -235 更困難，因為鈽的不同同位素質量差異只有 1/240，但是鈾的不同同位素質量差異卻有 3/239。在技術上，若想務實規模的去除鈽 -240 以純化鈽 -239，實在不合理。

次臨界質量的燃料仍然以阿伐和貝他輻射的形式，釋放小量的放射性能量，因此，如果沒有冷卻，那就成為大量溫或熱（若大量）的物質。異常地，有些同位素也釋放干馬輻射，因此要儘量避免使用它們，因其放射性是危險的。否則，使用某個厚度的吸收物（諸如手套）防護，未用的燃料也許可安全處理。在 1950 年代，伊莉莎白女皇到哈衛爾（Harwell）參訪，有人交給她一個塑膠袋，內裝純鈽 -239 塊，讓她體驗其溫暖 [52]。

貧鈾（depleted uranium）雖然比天然鈾更安全，卻一直讓公眾相當關心 [48]。它稱為「貧」（耗掉），因為那是濃縮過程後的廢料，它是有用的物質，因為是相當高密度（水的十九倍）的堅硬金屬。通常它的活度比天然鈾的

---

52. 這是實際發生的事。有個不同的故事以小說強調此特點，那是英國廣播公司電影《黑暗的邊緣》（Edge of Darkness, 1985）的腳本，其主角傑得堡（Jedburgh），因為接觸鈽而瀕臨死於輻射病。

一半還低。它釋放的阿伐射線即可被任何的薄薄物質吸收，它只有在吸入體內時才有危險。就像鋁，其裸露的金屬通常在外表形成堅硬氧化膜保護內部，只有在粉末形式才有化學活性。就像銅等許多其他元素，鈾也具有化學毒性。但是，因為人體不吸收銅，而被當成超安全的物質。若是貧鈾，真正的問題在於缺乏正確的知識和信心。使用貧鈾的軍隊需要瞭解和能夠判斷情況，否則沒法自在地使用武器。

重要的工作是分辨核子物質的軍事用途與其和平用途。與生產其他大規模毀滅性的武器相比，生產核子武器還是比較困難，而監視卻比較容易。雖然世界各地有民用核能反應器提供發電，將它拿來製造武器級鈽燃料時，就會被「反應器燃料的變化、選用某些形式的反應器設計 [53]、使用燃料再處理廠」等的監視而察覺。鈾的大規模多階段濃縮設備也會被查到。國際間，這些監察工作由國際原子能總署（International Atomic Energy Agency，簡稱IAEA）執行。

另一個生產核子武器的指標為發展某些技術，例如，高速離心機和中子觸發器。在第一次伊拉克戰爭之前，國際組織就已察覺其總統海珊正在蒐購這種中子觸發器技術。

---

53. 例如，以重水當緩和劑的反應器，可以不用關機就添加燃料，但是環境中幾無重水，而其製造費用也不便宜，若要生產，可電解大量天然水而得，但是這需要對應地相當大量的電，則此活動會被監察得知。

核廢棄物

任何廢棄物問題的嚴重度依「產生多少量」與「丟在哪裡」而定；另有其他同樣重要的問題。排放廢棄物的時間長度呢？產生怎樣的風險呢？排放到環境中之後，此額外的風險會持續多久呢？

在表十二，我們比較一般燃煤發電廠與核能電廠的這些特性。不同石化燃料（煤、石油、天然氣）之間的差異不大，它們**每噸二氧化碳釋出的化學能比值是，煤：石油：天然氣＝ 1：1.7：2.2**。比較不顯現效應的硫，則沒在此表中，因為現有科技足以捕捉住硫而中和掉。

燃煤電廠產生的二氧化碳相當驚人，燃燒每噸碳產生 3.6 噸二氧化碳，因為氧氣被抓入二氧化碳內。事實上，每個十億瓦石化電廠每年排放超過六百萬噸二氧化碳到大氣中，平均而言，在被植物、海洋、土壤吸收前，二氧化碳可持續百年左右。

比較不重要的是，包含大量危險重金屬的灰燼，它們被埋在淺層垃圾填埋場，而永遠存在。表十二的數字並不精確，但其「數量級」（十倍、百倍、千倍、百萬倍）或說概略值，則重要。例如，就糟糕的程度，天然氣只是煤的一半，但這不相關。石化電廠產生二氧化碳的量，使得任何移除的作法均高度困難，即如有人提議的在高壓下擠壓到地下，基本上它仍為氣體。雖然用此方法捕捉時，可以看不到，實際上，它是儲存在 50 大氣壓或更高壓下。若遇到地震或其他事故，這種地質容器遭逢內部被壓抑的

表十二 ：比較使用石化燃料或核分裂的大發電廠，通常產生的
廢棄物。

	石化燃料	核分裂
若排放廢棄物 的風險	氣候變遷	癌症與其他健康危險
百萬瓦電廠 每年產生廢棄物 的量	6,500,000 噸 二氧化碳 22,000 噸氮氧化物 （煤）320,000 噸 灰燼，包括 400 噸砷 與有毒重金屬	27噸高放射性廢棄物 （若經再處理與玻璃 固化將剩5噸） 310 噸中等程度 廢棄物 460 噸低放射性 廢棄物
排放到環境中	二氧化碳、氮氧化物 （立即排放到大氣中） 灰燼和重金屬 （淺埋而無早期的釋 放）	沒立刻釋出 （但在處理與玻璃固 化後，深埋高放射性 廢物）
若排放後 存在環境中 的時間	二氧化碳約 100 年 氮氧化物約 100 年 重金屬則永遠	碘與氙氣約幾週 鍶和銫約 100 年 錒系元素則永遠

壓力，可能會洩漏，其內容物在壓力下跑到大氣中，則就如沒有掩埋過般。

此過程稱為捕捉碳，但是給個名字並不表示此大規模技術可在務實的價格上行得通。好運的話，它是解決整體能源問題的一小部分，若運氣不佳，這是個昂貴的構想，充滿風險。地球上已經有超大量的溫室氣體，儲存在近極地凍土下，而讓人擔心的是，在這些地區暖化時，氣體會溜出；因此，現在要儲存更多的氣體的話，實在不是好辦法，即使價格不那麼高昂亦然。掩埋的固體諸如灰燼或放射性廢棄物，則很不一樣，它們並無隱藏的壓力，發生地震時，也不會排放到環境中。

核廢棄物比起石化廢棄物，有兩個主要差異：其數量少、也沒排放出去。數量少的原因在於，產生同樣的能量時，核能燃料量約為化學能燃料量的百萬分之一（請見第27頁的註六）。接著，不像二氧化碳，核電廠的廢棄物會被儲存、處理（processed）、安全地掩埋。

廣泛而言，此「用過核子燃料」有三個成份。

1. 有鋼系元素，包括未燃的燃料與其產生的各種放射性同位素，主要是未核分裂的燃料。這些包括鈽與鈾的同位素，可經由再處理以化學方法萃取，然後再充當燃料，因此，它們是有價值的東西。不過，在諸如車諾比的主要事故，若它們被拋棄到環境中，它們不會熔融或蒸發，因此，在大氣中不會被拋遠。但是，許多元素有極長的半衰期，因此，存

在很久，雖然不像燃煤電廠出來的有毒重金屬（諸如砷、鎘）廢棄物那樣久；後者化學毒性的持久威力一點也不會減少。

2. 接著，還有核分裂本身的產物。就如核分裂的名稱，它們的原子量約為鈾的一半，許多元素很快地衰變，成為更穩定的同位素。更快的衰變過程為連鎖反應後的衰變熱源（圖二十二）。讓人關切的是，更長半衰期的元素，尤其是鍶 -90 和銫 -137，半衰期約 30 年。因此，在起始的快速衰退之後，核分裂產物的活性以每三十年減半的速率下降。

3. 最後，有些核分裂的揮發產物，其半衰期更短。諸如半衰期約為一週的碘 -131 和氙 -133。它們在幾個月內完全衰變完畢，有些無害的就排放到大氣中，但有些經由過濾移除，而過濾器則以低放射性廢棄物方式掩埋。其他的核分裂產物比較不重要，因為它們比較不具揮發性或半衰期更短。

廣泛而言，放射性物質以四種策略處理：1. 再處理與再使用、2. 濃縮與圍阻、3. 稀釋與分散、4. 延遲與衰變。

低放射性廢棄物主要來自實驗室、醫院、產業。它包含傳統的垃圾、工具、衣物、過濾器，被小量的（主要）短半衰期的同位素污染。處理這些並不危險，以稀釋與掩埋於相當淺層的場所，為安全的處理方式 [49]。若能以更鬆綁規定的方式處理輻射，則這些廢棄物就不必需要與其他垃圾分離，這樣的決定將減少費用。

中放射性廢棄物包括樹脂、化學污泥、反應器組件，還有除役時的污染物質。在所有的放射性廢棄物中，中放射性在體積方面占 7%、活性方面占 4%。它可在水泥或瀝青內固化。通常來自反應器的短半衰期廢棄物就掩埋，但是經過再處理的長半衰期廢棄物則是濃縮，以便未來深埋地底 [49]。

在發生事故時，就如車諾比意外，核分裂產物拋散，就以尋常的鉀肥稀釋銫 -137 污染的土地，以減少其被吸收到食物鏈中，銫的化學性質類似鉀。類似地，石灰可用來稀釋鍶 -90 的效應，因為鈣（石灰含豐富的鈣）與鍶在化學性質上相似。但是一般來說，稀釋與分散策略並沒用在這些同位素的高濃度處理上。

用過核子燃料元素與其支撐護套，為核廢棄物中最具放射性的，其處理是陸續使用策略 4, 1 和 2。當這些元素從反應器中抽出，或關機後，富含中子的分裂產物核種繼續衰變，而顯著的能量仍然釋放中。這些物質要分開放在大水槽中，安全地吸收輻射，放著冷卻約五年 [54]。然後可再處理這些物質，以抽取鋼系元素，再經過回收而製造新燃料元素，諸如混合氧化物，為鈾與鈽的混合氧化物。當然啦，在用過核子燃料中還有未分裂的部分，需要回收再利用，這和「燃燒」的程度有關，在目前的反應器裡，燃燒程度仍低，但在未來會更高的。

---

54. 例如，英國賽資威（Sizewell）B 核能電廠運作十五年來，所有的用過燃料，安全地存放在單一槽箱中，只有半滿而已。

已經放出分裂能的分裂產物就無法回收，其活性在最初十年迅速地下降，然後，其放射性主要來自鍶 -90 與銫 -137，以半衰期三十年衰變。因此，它們的活度在一百年後降為十分之一，三百年後降為千分之一。其實，再處理之後，這些產物可用化學方法，形成玻璃固化方式保存封裝。形成的陶瓷塊非常堅固，不會被地下水瀝濾，或受到機械或化學攻擊。它們存放地上三十至五十年，自然地以空氣冷卻。然後改放地底的深層礦場或儲存場，於此即使在其放射性消失後很久，仍可維持其完整性。幾百年後，核廢棄物的放射性將減低到如同地殼的放射性。核廢棄物的再處理與玻璃固化是個成熟的技術，幾百年來並無事故。只是等到現在（最早時機），才要將高放射性廢棄物方便處置於深層地下儲存場 [55]。

我們需要建置核廢棄物長期儲存的地底場址，但這不難也非關鍵。不是關鍵，因為長半衰期活性應已被再處理移除。因為固化核分裂產物的輻射，只是中等程度的危險，而已被包妥，需要一些時間保安，在我們每天看來似乎長時間，但與石塊的壽命相比，實在很短。不過，一些國家執行大量的廢棄物防護措施。在芬蘭，有個深層儲存場正在施工中，包括地質結構甚佳的 500 公尺深的螺旋路徑，然後是 5 公尺寬與 6.5 公尺高的隧道，銅廢料罐存放在水

---

55. 有時候，處理早期遺留的核廢棄物，會需要額外的費用，例如，1957 年英國聞司克（Windscale）火災留下的燃料棒。但是根據五十年來的經驗，我們知道處理置這些核廢棄物不會招致超高費用。

平通道，以後將會用黏土封閉。預計將在 2020 年啟用此儲存場。

在美國，內華達州雅卡山儲存場預定將在 2017 年開始接收核廢棄物。依照目前規範而建置，該設施應算過度審慎，因為無須如此預防措施，該建置費用可省些。如此大張旗鼓只是為平息公眾的意見，而非必需的安全作法。該費用偏高，無論如何，該作法在平息民心方面並不大有效。（2009 年 5 月註：美國將停止雅卡計畫，似乎將回收用過核子燃料，這一直不是美國的政策，因為美國擔心回收與生產武器級鈽的關係。）

另外，我們還需民眾教育。同樣重要的是，需要持續科技探究與紀錄資料。放射性物質的盤點與儲存場在何地等，均需紀錄。在耐久性方面，這些紀錄與儲存物的物理化學特性相較，是較短的。這在政治穩定度不確定與社會責任短暫的國家，是件令人關切的事。無論如何，儲存場需要夠深，掩埋夠堅固，則在最初幾百年，儲存物活度還需注意時，若萬一紀錄丟失，尚不打緊。

第九章　輻射與社會

歷史顯示教育與災難之間的競賽。

——英國作家威爾斯

（H. G. Wells, 1866~1946）

對輻射的認知

為何民眾對輻射的問題會那樣反應？許多人覺得不安，不只是他們不瞭解，也是因為他們暴露於其中時沒有感覺。許多其他對生命有危險的東西，總可看到或感覺到。痛感讓人對危險警覺，因此，知道後就容易反應與避開。任何傷人的東西，卻讓人看不到，也許沒警告，就會導致驚慌與無盡的遐思。

解決的方式之一為，提供個人化的確認，讓個人（單獨或在團體中）能看到危險，或確認沒危險。事實上，在兩分別的層次，我們可以察覺輻射，首先，無意識地，體內細胞察覺輻射導致的損傷，而開始啟動修補。其次，在意識層次，我們可用儀器察覺輻射，這樣的儀器可說是我們的感官的延伸，它們和構成眼睛的生物性透鏡與感光器、或感官取得撫摸觸覺壓力資訊的感壓組織，在原理上無不同。最近醫學物理輝煌進展的大部分，可以認為是使用這些儀器，如同讓我們展延「看到」的能力 [4]。

讓科學家和其他有關當局能夠看到輻射，並非此問題的解答，因為原則上，人人需要能夠看見。如果民眾能便宜地拿到偵測輻射的儀器，就像火炬或蠟燭容易拿到而讓人們在黑暗中不會覺得恐慌，則民眾就對輻射有信任感而不會恐慌。這可從學校的教育開始。就像孩子首先接觸放大鏡，然後進階到雙筒望遠鏡、顯微鏡、望遠鏡，他們就會熟悉輻射偵測器。以今天的電子技術，這樣的偵測器可以做得像信用卡一般的尺寸，然後，自然地可在全球定位系統服務或數位相機中，增添基本的輻射偵測器。若產業知道有此市場，就可快速地與便宜地發展。明顯地，孩子很快地就會發現輻射值超低，甚至無趣（沒意思）。但至少他們實際上看到此結果，然後回家跟父母和朋友講明「安啦」；比起孩子的信念，可說沒有其他方式能更有效地將觀念帶回家。另外，應教導他們，若偵測器讀數偏高時要怎麼辦，而不是像車諾比附近的孩子般無知（好幾天）。這樣的民間防護措施，對於注意保護環境只是小小的代價。

雖然近代的微縮技術不錯，但傳統蓋格計數器在偵測得每一輻射劑量時就嗶嗶叫，實在不敢領教。民眾會被這些漸增的嗶嗶叫，弄得憂心忡忡，因為計數器的叫聲就像電影《大白鯊》的配樂。實在難以想出更糟的安撫人方式呢。實際上，單一叫聲是微不足道，但重要的是簡單的數位測量，顯示總累積輻射劑量，也顯示劑量速率，但無嗶嗶叫聲。這些測量會顯示加馬輻射和貝他輻射，而通常足

以顯示環境中是否有輻射。

通常，輻射易於測量：核衰變時，計數游離輻射的每一量子（抵達儀器），就可紀錄每個原子，這倒不難。即使這樣，對應的傷害風險可能相當不明顯，除非量測到數百萬個計數。例如，每一計數代表一百萬電子伏特（MeV）的能量。雖然對於單一生物分子，這是許多的能量，但要達到風險的閾值（100 毫西弗的劑量），則對應地約需一百萬個這樣的計數（依計數器的效率與敏感質量而定 [56]）。因此，在沒有危險的顧慮下，相當容易測量輻射嗶嗶叫。亦即，輻射計數器每一次嗶嗶叫代表的輻射值（即使成千上萬的嗶嗶叫），可能不重要；但這就讓民眾困惑，到底這麼多的叫聲代表怎樣的輻射安全。若輻射的偵測更困難，民眾的認知可能更貼近真正的危險程度。

民眾的關切

世界首度聽聞輻射與核子威力，是在 1945 年 8 月。自從 1940 年，美國極度機密地發展核子武器的物理與技術，這項工作是聯合英國與加拿大科學家一起，取了代號「曼哈頓計畫」（Manhattan Project）。在兩顆炸彈投置於日本之前，很少人聽聞此計畫；爆炸之後才從看報紙或聽收音機知悉此事。媒體的首度報導很簡略：

---

56. 若計數器的敏感質量為一毫克，則 100 毫西弗代表在計數器中質量 10^{-7} 焦耳的能量。若要計數對應於 100 毫西弗的數目，則為 10^{-7} 焦耳除以每計數的能量 1.6×10^{-13} 焦耳，可得答案大約一百萬。

日本被原子彈攻擊，其威力比英國空軍投置於德國的十噸炸藥還強烈二千倍。今天，美國杜魯門總統宣佈這項消息，並說還在發展更強烈的炸彈。英國與美國科學家避開德國長程武器，幾年來一直協力合作。

——英國《曼徹斯特衛報》
（ *Manchester Guardian* ）
1945 年 8 月 7 日

在 1945 年之前，同盟國人民習慣秘密與宣傳，認為是戰時所需，相信政府是當時人民的唯一選項。原子彈[57]問世是個好消息，此奇妙的武器快速地終結與日本的戰爭。以此不想去瞭解的情結，反應出來的就是認為核子物理不是正常人能夠（或應該）嘗試瞭解的主題，其理解不是我輩所能為之。不幸地，許多人仍有此認知。威力無邊的物理引發敬畏的感覺，影響包括科學家的社會上每個人；可說科學家是最受影響的，因為他們能理解其實際的威力。因此，在 1945 年，對於核子物理影響的規模（甚至難以想像），他們也深受震撼；身為人類一份子，他們各有不同的反應方式。其中許多人深具良知，擔心核子武器在政治不穩定世界的效應。他們不是政客，也和軍隊無關，但是認為將此強大威力交給他們不信任（當然不能控制）

---

57. 實在不清楚「原子的」（ *atomic* ）怎麼弄來的，應該是「核的」（ *nuclear* ）。這個不幸的錯誤似乎來自早期非科學的描述曼哈頓計畫，而沒人更正。

者手上，則需為此負責。

　　戰後和平到來，民眾問了許多技術問題，但是很少人有科學背景繼續追問答案，還有，一些零碎的想法（有些無關、有些部分為真），成為街頭巷尾和媒體的流行話題，例如，愛因斯坦與他的奇怪髮型、$E = mc^2$ 的意義、失控核子連鎖反應的念頭。這些片段可能留下讓人印象深刻，但沒帶來多少理解和寬慰。

測試和落塵

　　冷戰那幾十年沒帶來任何啟示。擔心核子武器的爆炸威力，又給添上另外的輻射顧慮輻射，與發生核子戰爭時的效應，亦即核子污染，輻射誘發的癌症與遺傳變化。人們瞭解核子落塵與其後果將影響全球地區，且會持續很久，因為擔心其中的半衰期（長久）與影響後代基因。有相當長的時間，我們沒有明確解答這些問題所需的科學數據與理解。不管如何，這些顧慮的流傳讓民眾更恐慌，但在國外，這對冷戰的策略運用卻是要緊的。同時地，國內設立非常保守的法規與輻射安全制度，想要制止民眾的恐慌，但是效果不佳。

　　核子武器的爆炸產生的威力，包括熱浪、中子與 X 光束、激烈火災等，導致非常的破壞力。其中，只有爆炸與烈焰風暴會在傳統的化學炸藥呈現。核子爆炸產生的直接輻射流，是相當強烈但只是局部的。核子落塵來自炸彈物質本身與周遭物質受到輻射照射而產生，如果是地面爆炸

（而非高空爆炸），則具有輻射的周遭物質量會增加，因為排放的熱量，許多物質被吸向上，形成衝往上層大氣的熱流，這些物質尤其具有放射性，緩慢地依其密度、揮發度、風雨形式等，在數小時、數天、或更久，而逐漸回到地表上。

1945 年的「三位一體」（Trinity）核彈試爆，開始核子武器的大氣試爆，而在 1963 年結束。核子武器由美蘇開始，接著是英國、法國、中國，使用這種試爆法，剛開始用核分裂武器，然後主要是用熱核裝置。經由國際公約，停止了大氣試爆；後來的試爆採用地下方式，因而沒有落塵。這些試爆的情況彙總於表十三。

表十三：核子武器試爆的總數約 2,080，其總威力約 500 百萬噸（megaton，一百萬噸黃色炸藥）。

	大氣試爆		地下試爆	
	數目	百萬噸	數目	百萬噸
美國	216	141	838	38
蘇聯	217	247	498	38
英國	21	8	28	1
法國	136	10	68	4
中國	23	22	21	1

在此時期，經由大氣試爆的總落塵，相當於兩萬倍廣島原子彈的能量所釋出，導致全球暴露於輻射中，持續了幾年，如圖二十三所示。它顯示 1963 年後，長期穩定遞減的情況。1986 年的小突增為在英國偵測得車諾比的效應。

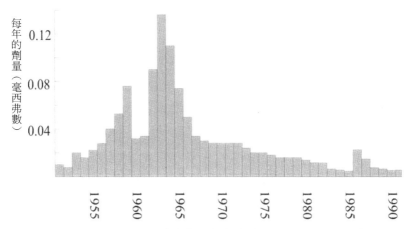

圖二十三：核子試爆與車諾比事故期間的放射性落塵，導致英國人受到的年平均輻射劑量 [5]。

　　核子落塵中最顯著的放射性成份（與半衰期）為碘-131（8天）、，鋯-95（64天）、鍶-90（29年）、銫-137（三十年）。所有這些試爆釋出鍶-90的總量，為車諾比事故釋出量的七十五倍；至於銫-137，則為三十倍。

　　上述落塵的輻射劑量導致全球暴露量為每年 0.15 毫西弗，1963 年時為最高。但這些量比自然背景量的 4% 還少，而約為在英國康瓦爾郡（Cornwall）渡假一週所受到的額外輻射劑量。圖二十三顯示英國人受到車諾比事故的劑量，約 10 更小（每個月 0.002 毫西弗），約在圖十七的底部。

　　在冷戰時期，人們對核子武器的恐慌，來自成千上萬核子武器的爆炸導致的落塵。政治與軍事領袖大概不會有這樣的不理性思維，但以當時堆積的核子彈頭數量，可知

也未必。當時有一本修特（Neville Shute）敘述「世界末日」之後的有名小說《海灘上》（*On the Beach*, 1957），描繪核子大戰後地球的生命，其受歡迎的程度強化當時人們對於輻射的標準刻板印象。

大氣中核子試爆在非常隔離的地方執行，例如，美國內華達州沙漠、遠離的太平洋小島、哈薩克（Kazakhstan）荒廢區。但是，有時候一些人不小心會在附近受到輻射，而受到高落塵劑量。例如，在 1954 年，有個一千五百萬噸的低階熱核彈試爆，使得 130 公里外日本一艘遠洋鮪魚船「第五福龍丸」受到輻射，船上二十三位日本漁夫蒙受 2,000~6,000 毫西弗的大劑量，他們變得噁心，也遭受貝他衰變誘發的皮膚燒傷。其中一人在六個月內死亡，但其他人在三十年後仍活著。

阻嚇和保證

可在短時間內發射大量武器的阻嚇效應，為冷戰時期的重點。部分原因是，其威脅在於廣泛摧毀城市與基礎建設，但也包括更錯覺式的「屍體遍布與凌遲死亡」遐想，接著是後代的基因損傷。戰事經常有可疑的「實際的與表面的」威脅混合。中世紀軍隊的華麗排場，包括輝煌的槍砲、帆船、旗幟等的戰士艦隊等，這些均為「吠聲和狗咬」的組合。能夠辨別區分這兩項虛實，即為對方自信、經驗老到、勇氣等的指標。

關於威嚇，將恐懼打到敵人心中的反效果是，自己人也變得恐慌，因此，這也是冷戰時的情況。大家均覺得牽

扯在內，也均感受迫在眉睫的毀滅，包括落塵與輻射的威脅。

於是就有些人成立反戰組織，諸如英國核子裁軍運動（UK Campaign for Nuclear Disarmament）。在其鼓吹中，他們志在贏得別人相信其號召，宣傳核子戰爭的可能後果，尤其強調輻射；以這樣的作法，他們更進一步誇張恐慌與警告。

在各國政府的部分，他們想要限制和圍阻自己國人的關切程度。為了讓國人安心，他們成立輻射安全的諮詢委員會，希望提出安全值而成為立法的依據。最重要的組織是國際放射防護委員會（International Commission for Radiological Protection，簡稱 ICRP），其職權範圍是提供

> 對於來自天然與人為（廣用於醫療、一般產業、核子作業等）的游離輻射所導致的風險，提出保護的建議與指導方針。

其他的國際委員會也成立了，其作為往往重複：經濟合作與發展組織核子能總署（OECD/NEA）、聯合國原子輻射效應委員會（UNSCEAR）。另外還有各國的組織，例如，美國國家科學院的游離輻射生物效應（BEIR）委員會、現在併入健康防護署（HPA）的英國國家放射防護委員會（NRPB）。接著還有國際輻射單位與測量委員會（ICRU），負責答覆測量的問題。業務相當廣泛的世界衛生組織也是輻射防護的重要組織。

這些委員會之間形成強大的安全組織，大致上超乎各

國的控制，半世紀以來，它們的工作繼續，而問題已經不同了，它們的職權範圍卻沒改。

但其中有個組織就不一樣了，這是國際原子能總署（International Atomic Energy Agency，簡稱 IAEA），其角色相當明確，而為分開民用與軍用核子科技的世界裁判。其目標在

> 尋求加速與擴大全球的原子能和平、健康、繁榮等的貢獻，它將盡力確保在其幫助或受邀幫助之下、或其監督或控制之下，不會轉為任何軍事用途。

此任務一直沒變，此聯合國機構在近代世界呈現重要角色，至少和以前一樣重要 [47]。

一般而言，這些委員會已經整理出最佳的資料，本書許多參考文件是它們發表的。國際放射防護委員會根據這些證據而發表的健康與安全建議，最新版本是在 2007 年。但是，它們的摘要和結論只是更早期的結果，亦即，不顧其他非核子的後果，建議將輻射風險減到最少。但是該委員會是為了這個目的而設立，則很難作別的決定；它沒有立場考慮更寬闊的事宜，例如，其建議對環境的影響。在此時期，於其狹窄的領域內，加上半世紀以來全球的研究成果，它確實已經讓輻射管制很安全。它做得很好，已經成功地執行它該做的事，而其建議已經由各國採納放入國家規範中。為了執行這些，成本甚高，不管是財務上或其他均衡的危險檢討，現在可能已經超乎世界所能支付。

至少，此超安全的建議應已產生公眾對應用輻射與民

用核能信心的福祉，但是，不幸地，連這一點也沒作到。主要錯誤之處在於，盲目的遵守限制性的要求，而非根據先進的成果，經由合作與理解而制定安全規範。

判斷輻射的安全性

因此，前瞻未來，身為教師，我們該如何教導學生，輻射與放射性污染的危險？身為家長，我們該如何告訴我們的小孩？廣大而言，我們該如何告訴大眾？

最近，法國國家科學院與醫學學院發表聯合報告，評估整個低劑量輻射效應的領域，它在 2006 年問世 [22]；前一版本發表於 2004/5 年 [21]。其摘要澄清線性無閾值的定位，並且該報告不同意國際放射防護委員會的根據。

……根據一些資料，此結論反對線性無閾值的有效性：

1. 流行病學並無證據顯示，劑量在 100 毫西弗以下，會讓人額外致癌。

2. 實驗動物資料並無證據顯示，劑量在 100 毫西弗以下，存在致癌性效應。並且，劑量與效應關係很少是線性的，大部分是結合線性與二次方、或是二次方。已經在眾多數目的實驗研究中，觀察到實際的閾值或激效。

3. 輻射生物學：線性無閾值假設遺傳毒性風險（每單位劑量）為定數，不管劑量和劑量率多麼不同，因此，基因體兩大保護者（修補 DNA、以細

胞死亡的方式消除）的效能，在 DNA 損傷時並不因劑量與劑量率而變。這樣的假設與許多近來的輻射生物資料不合，例如，突變效應與致命效應卻會改變（每單位劑量）。

第二個假設是，不管相同細胞的或鄰近細胞的其他 DNA 損傷數目，某個 DNA 損傷而引起癌症的機率一樣。此假設也和近來的資料與近代致癌觀念（微觀環境與組織變形扮演重要角色）不合。個人或動物被鐳或釷污染時，存在閾值劑量，因為被輻射照射的某細胞，其圍繞細胞沒受到輻射照射時，並不會致癌。提倡線性無閾值者應該負責證明上兩假設的有效性，以便為線性無閾值的使用辯護。最近的報告並沒提出這樣的證明。

總之，上述與本書章節有相同的資訊，只是以更學術的語言陳述。

法國科學院 2004/5 年報告的結論，是為廣大讀者而寫 [21]：

決策者處理放射性廢棄物或污染的風險等問題時，應該重新檢視其方法學，亦即評估極低劑量的風險與極低劑量率的風險。本報告確認評估群眾輻射風險時，使用集體劑量觀念的不適切性。

其他的輻射生物學家已經更直接，例如，波立卡夫（Pollycove）與費南得跟（Feinendegen）最近的文章 [41] 指出，近代知識與全球輻射安全組織的整體觀念不相符

接受當前輻射生物學，將使長期以來公認的全球
輻射安全組織的建議與法規變得無效，因而顛覆很
昂貴的現存法規與修復系統的基礎。

已有不少的努力想要讓國際的觀念改變，但其進展很
慢，也許是因為國際放射防護委員會等，尋求不同的安全
值，但那不符合科學觀點。重點在：追求輻射安全低到使
得其地方引起更大的風險，是正確的作法嗎？更廣闊而
言，於氣候變遷的情況，此更大的風險為使全球災難的機
率趨近 100%。

國際放射防護委員會最近的建議是 ICRP103[27]，相
對於其 1990 年報告的觀點，前者提供一些估計輻射風險
的重大鬆綁，但此 2007 報告仍執著於線性無閾值的語言，
雖然受到追問時，它承認這並不表示相信線性機制（以建
構其數據）。它半熱衷的遷就線性無閾值例子，已如上述。
該報告在總結損傷閾值是否存在的立場上，同樣地模棱兩
可 [27，第 210 頁]：

雖然現有資料不排除存在普遍的低劑量閾值，整
體來看其證據，則沒那麼有力。

接著，該報告繼續談相反的觀點：

（A）法國科學院最近關於低劑量的報告，強調
輻射照射後，細胞信號傳導、DNA 修復、細胞凋
亡和其他適應性抗瘤程序，存在依劑量而定的證
據，辯解輻射導致癌症風險事宜，會有實際的低劑

量閾值的存在。整體而言，在可預見的未來，「線性無閾值模式」此一長存問題的有效性，可能無法獲得明確的科學決議，並且，「證據權重」爭辯與實際的判斷，很可能繼續存在。

國際放射防護委員會對有意義科學討論輻射安全的鄙視，可見它們已經用盡爭辯的管道。

在其他地方，國際放射防護委員會的報告承認有高劑量閾值的存在，而在某些條件下有低劑量閾值 [27，第 143~144 頁]：

在子宮內輻射引發組織反應、畸形、神經系統的效應等的劑量反應，均可判斷高於好幾十毫西弗劑量閾值的存在。

但是，一般而言，該報告繼續以線性方式表達風險，例如，指稱靈敏度為每單位劑量的風險係數。這樣子表達即暗示所有的建議均假設線性。國際放射防護委員會所提出，罹患癌症與遺傳效應的線性風險係數，用在表十四，顯示絕對風險「在 100 毫西弗時，每千人的機率」。癌症數字可拿來比較表五中的數據。請注意到，預估的遺傳風險比 1990 年推薦的值小八倍，而在癌症風險方面，則為三十至四十倍更小。這是國際放射防護委員會所做的主要變更，這就顯示即使最謹慎的觀點也在改變，即使只是緩慢地改變。令人欣慰的是，大家普遍接受證據顯示，輻射誘發突變的危險微小，而人們的關切可以淡化。

表十四：國際放射防護委員會提出的癌症與遺傳效應風險係數，
又以「在100毫西弗時，每千人的機率」表示 [27，表1，
第 53 頁]。

	癌症		遺傳效應	
	2007 年值	1990 年值	2007 年值	1990 年值
全部人口	5.5	6.0	0.2	1.3
只有成人	4.1	4.8	0.1	0.8

　　如表十四所示，國際放射防護委員會所提癌症風險，
從 1990 年起沒什變化。在 100 毫西弗，這些數字與表五
所示的數據相符，但是，在低急性劑量時，對風險的觀點
就不同，本書可綜整如下 [50]：

　　樂觀者（法國科學院 [21、22]、波立卡夫與費南得跟
[41] 等許多輻射生物學家）說這些數據與「100 毫西弗以
下無風險」相符合。

　　悲觀者（國際放射防護委員會、美國國家科學院游離
輻射生物效應報告等）說風險與線性無閾值假設相符。

　　此兩觀點在單一急性劑量時是相符的，例如，廣島與
長崎倖存者的健康紀錄。

　　樂觀者解釋其中的機制，而悲觀者堅守無法解釋的線
性信仰。

　　不管你相信樂觀者或悲觀者之言，你可得到結論，在
某個程度來說，對單一急性劑量是正確的。兩顆核彈投置
於日本兩大城市的居民上，即使根據五十年的國際研究其
後果，100 毫西弗以下的風險就是那麼微小，而無法測量

得。因此，樂觀者的結論並不成為爭論點，而急性暴露於100毫西弗是安全的。

　　樂觀者與悲觀者所採取的立場差異，在於重複劑量時的（真實或假設的）效應。因為堅守線性無閾值，悲觀者認為即使在100毫西弗以下，每個劑量增加個人一生中，無形逐漸累積輻射暴露，而該劑量對健康留下不可磨滅的印記。樂觀者指出該觀念無法符合「多重與慢性劑量的數據、現代輻射生物學的基本觀點」。

　　與上述爭論無關，但重要的關切是，悲觀者的論點使得使用核子科技很昂貴，即使在不斷增加的氣候變化時，仍阻止核能的使用。這些觀點並不只是學術辯論而已，整個社會受到嚴重影響，但是，雖然這些觀點的發表並非機密，卻很少外界人士足夠瞭解此事。

第十章　若要生存就得採取行動

太審慎的的政策為所有風險中的最大風險。

——尼赫魯
（Pandit Nehru，印度總理，1889~1964）

鬆綁法規

　　通常，在新科技的早期，瞭解不多時，安全規範應具相當限制性，以便在某個程度涵蓋未知的風險。然後，相關知識改善，瞭解其中科學更多，能接受的限制應可心安理得地、負責地鬆綁，接著是更大範圍的科技探索，然後是更多的繁榮與自信。不幸地，科技處境未必經常如此。法規的制定和修改往往不夠機敏，也慢得讓人難受，例如，慢到跟隨在災難之後行動，而非迅速到在災難之前行動（預防災難）。結果是，盲目地為了尋求絕對安全，在不解科學的旗幟（諸如「你不會太安全」）下，以審慎來產生更嚴格的限制。不幸地，在增加知識後，法規並沒跟著新知更新而鬆綁，而經常繼續更嚴，因為受到過時資訊或特定團體狹窄視野的壓力。

　　談到輻射安全事宜，六十年來，法規已經更嚴，但是對輻射的瞭解實已大為精進，而此兩者卻是相反方向地分道揚鑣。在 1951 年，國際放射防護委員會的限制值是每

星期 3 毫西弗（每年 156 毫西弗）[27，第 35 頁]。到了 1957 年，嚴縮到民眾每年 5 毫西弗、輻射工作者每年 50 毫西弗。在 1990 年，這些年劑量值減為民眾 1 毫西弗、專業者 20 毫西弗。民眾的限值比 1951 年的嚴縮一百五十倍。另外，在 1955 年，提供的建議是：

> 應該盡全力減少所有形式的游離輻射，以達可能的最低值。

該信條的字眼一直修改，直到成為有縮寫名稱的原則「合理抑低」（as low as reasonably achievable，簡稱 ALARA）。這些年來，在公共壓力之下，因為測量改善與其他的技術進步，經由「合理抑低」原則而達成的輻射值一直下降。通常，一開始是諮詢和指導，但結果是，僵化地凍結成為法律和法規。

為了兼顧讓人類生存的風險，我們應以全新角度審視輻射安全的標準。相應的修改安全法規與可接受的作法，應以實際的風險，而非只是以安撫設想的顧慮為執行的依歸。應該有「任何單一急性劑量」的上限，加上「在修補時間內（保守地提議為一個月）累積任何慢性或重複劑量」的上限。每年劑量不應用來當法規的基礎，而集體劑量的使用，雖有其行政上的方便性，應停止使用。就如在第七章所提議的，新限值其實已經謹慎地反映已知修補與恢復的時間，因此，單一急性暴露為 100 毫西弗，而慢性與重複劑量為每個月 100 毫西弗。此兩值可有討論的空間，例如，兩倍左右的調整，但總是限值應為目前法規的幾百倍

鬆綁。有意思的是，本書在此提議的限值，只是國際放射防護委員會 1951 年限值的六倍鬆綁。衡諸自從 1951 年以來，增加的輻射生物學機制的理解，該倍數相當符合科技的進步。

剩下的問題是：因為輻射暴露，在某層次來看，是否有微小累積無可修補而減短壽命？目前似乎沒什證據，但是我們需要提議限值。最清晰的數據來自夜光錶盤油漆工的骨癌資料，顯示一生閾值 10,000 毫西弗 [58]。因此，提議採用一生限值 5,000 毫西弗。此值可和定期地二或三週內的放射線治療期程，使用 30,000 毫西弗劑量，兩者相比擬，後者的一生風險微小，也難以測量。在此提議的限值是六倍更小，而且是分擔在一生中，而非一個月，因此，可說是保守的。

在未來，我們會瞭解更多輻射的生物反應，尤其是適應效應，也許會更鬆綁這些提議的限值：急性劑量、短期（每個月）限值、一生限值。

就如法國國家科學院報告所言 [22]，鬆綁的輻射安全措施將帶來影像診斷的福祉，因其現行規範極度容易讓患者拒絕接受診斷，但其實對他們更有利。

在放射線治療，其立場很不一樣。更精確瞄準病灶新技術一直出現，照射腫瘤的劑量可以增加，而對周邊組織

---

58. 在第七章中提到羅蘭提報的閾值，是引用單位戈雷。阿伐輻射的大量成份意味著此限值代表更大數目的毫西弗。再次地，我們的詮釋其實是保守的。

和器官的劑量則維持在現有程度或更少。結果是大為改進的治療腫瘤率，這和輻射安全值的改變毫無關係。

六十年前，當輻射安全首度成為公眾關切，潛伏的威脅是核子戰爭，而非氣候變遷。當時，大家不瞭解輻射的生物效應，而也無適宜的資訊[59]。今天，所有的情況已經改變，審慎處理也是應該的。依風險與資源成本，自然似乎滿意於使用十左右的安全係數，但是在處理核子燃料與廢棄物時，輻射值應該使用多少的餘量？還有，成本如何依這餘量而定？安全係數採取一千嗎？那實在無法負荷。

我們不是在談鬆綁穩定核子反應器的工程設計，它利用數層獨立控制系統，加上不同的設計當備份，實施於所有近代的反應器。這些設計均實體上分隔，也不會被無經驗的操作員改變（就如在車諾比的情況）。更佳的監視與儀器化，確保在反應器控制室，知道反應器內外部各點發生的情況，但這在美國三浬島核電廠則非如此。反應器的操作條件選在任何微小升溫時，就會導致產生功率的減少；這是設計條件，無須外界任何控制的介入。車諾比反應器就無此內建的穩定度。往往只是判斷問題，哪一各別更舊的廠達不到這些標準？還有，何時更換它們？經常地，那是壓力容器和管道的焊接品質和可靠度，與測試它們的能力，這就是問題所在了。

---

59. 結果作法是，為取得更佳的資料，在核子試爆時，讓軍中人員暴露於低輻射劑量。這樣的實驗讓媒體驚慌地報導，但在當時欠缺科學知識的情況下，該作法是可理解的。

新的核能電廠

在 2008 年 3 月，全球有三十個國家的四百三十九個核子反應器，提供全球電力的 16%。只有十一個國家的三十四個新發電反應器在興建中，主要是在中國、印度、日本、韓國、蘇俄。但在 1980 年代，每十七天就有一個新反應器安裝 [51]。因為中國和印度日益增多的活動，有可能在 2015 年以前，每五天就會安裝一個十億瓦（1 GWe）反應器。目前，只有少許美國或西歐反應器在建造中或下訂單。在德國、奧地利、澳洲、紐西蘭等國，公共政策排除建造新的核能電廠，既存的一些預定要面臨淘汰。

建造中的大部分反應器，例如芬蘭與法國的，其設計是以壓水式輕水當緩和劑和冷卻劑。此設計如前描述，包括具有雙重牆壁的安全圍阻體容器，四重獨立控制系統，每重均可在事故時獨立地關掉反應器。若有緊急關機與冷卻失效（俗稱為爐心熔毀），為了圍阻釋出熱的後果，在安全容器內，有個特別獨立的冷卻區域。加總所有設計，結果是反應器設計很安全。我們可以將其拿來與車諾比反應器相比較，後者毫無圍阻體容器、無內建的自動安全特性、無爐心熔毀保護。

六種不同新反應器設計稱為「第四代」（Generation Four）[52] 正在發展中 [53]。它們可在 2020~2030 年間上市。新特性將改善熱效率、燃料燒完、廢棄物處理。一些使用氦或鉛冷卻，使得操作溫度 500~1,000°C。這樣的溫度也將助益直接從水產生氫。現場氫的產生將提供有效的

能量儲存，適應快速波動的需求。封閉燃料循環、現場再處理、錒系元素燒光、使用不同的燃料等的新主意，可帶來效率、成本、穩定度、控制等的利益。

另一讓人振奮的發展是「加速器驅動次臨界反應器」（Accelerator Driven Sub-critical Reactor，簡稱 ADSR）。它將使用次臨界燃料，無法維持一個連續的連鎖反應，例如，使用天然釷（其量比鈾多四倍）。核分裂由中子誘發，由外部質子加速器在反應器內產生 [54]。在核分裂過程中產生更進一步的中子，但在機器關機後，其數量不足以維持反應器運作，因此核分裂過程就消失。此控制過程是失效安全（fail-safe）模式，而反應器的運作事實上就如同能量放大器。產生的錒系元素同位素會燒光，因此，減少放射性廢棄物。適宜加速器的設計正在發展中，這樣的加速器也將有重要的應用，例如，離子束放射治療源 [33]。

核子產業已經改變，今天，它關注國際競爭、商業發展聯營集團、國際標準、設計與監察。早期，有國家發展計畫，其中有些志在國防相關的目標，有些國家仍然抱持核子發展這樣的野心，但其計畫與取代石化能源無關，而為外界知悉。

燃料與政治

人類第一個核分裂的作為是使用鈾，其在地殼上約與錫或鋅一樣普遍，在大部分的岩石與海中均可見其芳蹤。圖二十四顯示其商業尚可萃取濃度的分佈，其儲量影響價

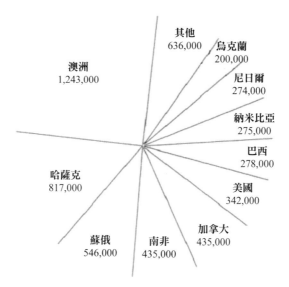

其他
636,000

烏克蘭
200,000

澳洲
1,243,000

尼日爾
274,000

納米比亞
275,000

巴西
278,000

美國
342,000

哈薩克
817,000

加拿大
435,000

蘇俄
546,000

南非
435,000

圖二十四：開採成本每公斤鈾 130 美元時，全球已確定的鈾資
源分佈（單位為噸）[55]。

格，但確定的是，其量足以支持人類一世紀或更久，屆時
應已到核融合發電時代 [60]。

在政治上，其分佈相當公平，因為石油與天然氣的儲
量集中在全球政治與文化相當不穩定地區（中東、中亞、
部分非洲與南美）。已開發國家努力確保石油供應的安全，
而形成的世界政治已經百年。蘇俄控制一大部分歐洲天然
氣的供應，為目前緊張局勢之源。鈾礦的政治地理分佈就
比較中性，大規模轉移使用核能將對世界局勢具有正面安
撫的效果。

---

60. 尋找鈾礦時有成功的報導，例如，最近在非洲南部納米比亞找到
103,000 噸（2009）露天礦場開採，每公斤 61 美元。

另一核分裂燃料源來自再處理，加上武器級燃料可以降級用在民用燃料。此種作業已經行之有年，例如，冷戰結束後，美國與蘇俄協議互惠，核子武器除役即可轉換為民用。再處理工廠原為分離武器級鈽而設立，因此，就聲名狼藉，而受到密切監視。但是，任何分離作業會產生氪-53氣體排放到大氣中，此獨特的痕跡遠在許多公里外偵測得 [56]。再處理的商業用途在於從核分裂產物分離可重複使用的鈾系元素，從用過核子燃料廢棄物移除長半衰期成份，因此，對環保有利。目前，英國、法國、印度、日本、俄國均設立這樣的再處理工廠。

處理廢棄物的策略

在公眾的認知裡，核廢棄物的風險是擴展民用核能發電計畫的主要障礙。但此顧慮為錯誤的，而對於解決人類嚴重的問題則為障礙。

若以再處理將鈾系元素從廢棄物中移除，剩餘的核分裂產物將方便掩埋，五百年後，其活度將衰變為十萬分之一。此時，那就變成無害的。經由標準的玻璃固化程序與深層掩埋於穩定地質，就可持續維持遠超過五百年。對照地，石化燃料發電廠產生的重金屬廢棄物，往往沒好好處理，諸如淺層掩埋，而永久呈現風險。

不管商業上或環保上，若不再處理實在沒道理。若無再處理就掩埋，即使核分裂產物已經衰變掉，鈾系元素於地質時間尺度仍存在。有人擔心掩埋的核廢棄物可能洩漏

而在水供應源出現。但是想想前述的二十億年前歐克陸反應器 [6、7]，這實在很不可能，如果小心選址就更不可能。歐克陸反應器達到的儲存時間，遠比人類所能關切時間的千萬倍還長。

萬一核廢棄物放射性從貯藏所洩漏，而污染深層地下水呢？地下水將長時期變得極輕度放射性。但這是常態，地殼天然放射性一直這樣對待我們的地下水，當然沒人計較到底自然界是怎麼深埋或淺埋或暴露其天然放射性的岩石。奇怪啦，今天社會這麼關切核子輻射，但是旅客仍然蜂擁到養生水療館，提供放射性地下水與當地放射性加熱（地熱能）的溫水浴，宣稱助益健康。網路上即有其廣告，例如以下這個：

> 苦味噴泉（Balneario de Fuente Amarga）創設於 1867 年，而在 1871 年宣佈其水可供公眾使用。位在西班牙南部 Tolox 村，從馬貝拉（Marbella，西班牙南部城市）或馬拉加（Malaga）車程均一個小時。其海拔為 360 公尺，位在雪山自然公園（Sierra de las Nieves Natural Park）入口處，空氣乾淨、優美溫暖氣候、水量與綠地豐富；相對於現代生活的污染與壓力，本地實在是純粹的喜悅。
>
> 本地水的治療性質為：天然基本金屬、含氮與治療放射性和鈣。提供的治療對象包括：兒童哮喘、慢性支氣管炎、支氣管哮喘、肺氣腫、結膜炎、過敏症、腎結石、利尿治療。
>
> 所採用的治療方法包括：飲用水、吸入天然氣體、

香醋吸入、天然氣體霧劑、鼻腔沖洗、眼浴、泥漿噴霧治療。

另外一個廣告：

「牛奶河浴」（Milk River Bath）是礦物質水療所，位在牙買加克拉倫登教區（Clarendon Parish）西南邊，屬於牙買加政府，在 1794 年開始營業，現有六個公共浴池、一間二十個房間的旅館。水質比英國的放射性高九倍，也比捷克共和國卡波貝力（Karlvoy Vary）的高三倍。

六個公共浴池位在離開座位區的小私人房中，房間內巧妙地鋪著磁磚，每個房間可容納數人，但更換區一次只容納一人。溫水快速地流經浴池，標準浸泡時間為十五分鐘（牙買加幣 200 元，2006 年）。

在這些水療區的低輻射值，將導致適應性的反應，很可能是真正的福祉，因為會刺激對細胞傷害的一般反應機制，雖然此解釋有些猜測。即使是最壞的情況，該輻射只是無害，而該浸泡提供旅客，遠離城市家裡一個短暫而受歡迎的假期。

若經由再處理，移除高放射性廢棄物中的錒系元素，然後再利用為燃料，則沒有必要尋找可安全使用超過數百年的大型廢棄物掩埋場。任何深層乾燥礦坑即可當作貯藏所。若使用第四代反應器或次臨界反應器，則長半衰期錒系元素幾乎可燒光，因此，不必花昂貴的費用另外階段再處理用過核子燃料。

除役

　　當核分裂反應器達到工作壽命尾端時，就必須拆除，也清除該廠址。若還要替換反應器繼續用，則可不必嚴格的清除，而需重估除役費用。事實上，很少人會想要將重工業場址（煉油廠、鋼鐵廠、傳統發電廠）改為農業用或當住宅區。

　　除役的第一步是將燃料移除，拿去再處理，此階段很像運作中反應器時的情況，只是沒有更換新燃料。這需要約一年時間，移除 99% 的放射性物質。

　　下一階段就比較費時。使用反應器期間，任何現場的包含鈷的鋼鐵，曾經暴露於中子流時，就會被鈷 -60 污染。它會衰變成為鎳 -60（半衰期 5.27 年），釋放硬加馬射線 [61]。就像所有的核子衰變，這些無法使用任何魔術清理就可關掉，該場址會一直維持有害。最具成本效益的程序是，等待二十年，在此期間任何活性減低到 5%，然後才拆解和移除最後的結構鋼鐵。新反應器儘量避免使用含鈷鋼鐵，就可減少未來除役的時間與費用。在此階段，移除任何包含長半衰期鋼系元素的物質，然後以低或中度放射性廢棄物方式掩埋。

　　在最後的階段，經過二十年在清除場址地上的任何剩餘核分裂產物，放著讓它衰變。銫和鍶為最長半衰期的（半衰期三十年）。若留著不用一百五十年或更久，此場址就

---

61. 第 134 頁說明，物質很少會變得具有放射性，除非暴露於中子流中。

會變得幾乎沒有污染，但是比較務實的作法是早一點再利用該場址，例如，作為適宜的工業儲存地。早期反應器的建造並沒想到以後需除役，但是新設計含更少的鈷鋼鐵，又增加使用機器人處理相關事宜，將使除役工作更簡單。自然地，若游離輻射法規更鬆綁，除役過程將更快速與便宜，更像將燃煤發電廠除役，不需特別的法規。

過去六十年來，在歐洲或美國的任何地方，核能電廠反應器的建造、運作、處理燃料、處理廢棄物、除役等，從無任一人死亡。

核武擴散和恐怖主義

誰被威脅了？誰將動用核子武器？在恐懼的戰爭時，沒有一方是受到信任的，就像古來戰場上，也上演勇氣與宣傳的戰爭。差別在於現代版的紙牌之戰，並沒動用到紙牌，至少在過去六十年來就是，但仍可在對方的信心崩潰時贏得戰爭，就像在冷戰尾聲時發生的狀況，蘇聯垮台而無以為繼；輻射與核子爆炸事實上並沒上演，只是仍存虛擬的威脅。

濃縮高純度鈾與生產純鈽均為生產核子武器的跡象，而國際原子能總署會仔細監視，過去以來至少已經查到許多個案，這就避免核子武器擴散。但是，在偵測得核子武器生產時，需要政治決定以據而採取行動，但是誰要決行？似乎問題就在這裡。結果，一些國家獲得軍事核武能力，有些則沒有；有獲得的國家數目稍微增加。在世界政

治方面，有些國家善進職責，而具備核子武器技術管理者的穩定性，有些則欠缺。但是「技術與經濟力量」與「負責任作為」是兩碼子事，狹隘宗教基本教義派和當地自我利益似乎同樣地驅使核武與非核武國家的行動，具備軍事武力並不保證無有害意識型態與宗教政治控制。清楚的是，為了全球之福，需要堅定的全球管制核子濃縮與再處理工廠 [57]。

但是「輻射」這詞引發的恐懼，與「核子的」字眼在公眾與媒體的想像，可讓政府與恐怖份子大為利用。對於恐怖份子與流氓國家，根據核子爆炸建造可用的炸彈是有些難度，但是，任何形式的「髒彈」（dirty bomb）為簡易與可信的威脅，因為這將是傳統化學爆炸裝置，而又足以釋放放射性物質污染當地。或者威脅要將飛機撞擊核能發電廠，但是對現代核電廠這樣的撞擊並沒什效果，因為反應器圍阻體容器規模宏大，而其設計足以承受各式的超大壓力。非常不可能地，如果容器被破壞，最壞的情況是放射性燃料濺溢出去，但不會像車諾比事故般，起始的熱引發爆炸。因此，任何的放射性釋出，將只在現場附近，若無特殊的熱驅使放射性衝高到大氣中，就無飄散的落塵。簡言之，對於野心勃勃的恐怖份子，要選核能電廠當目標實在太遜了。但是將此當作威脅到很管用，除非民眾有相當的科技知識，足以看穿其膨風。

前述章節的重點在於，想要用放射性散逸而提任何威脅或勒索，應知其實為外行，因為若真的執行，頂多也只

是小傷。任何威脅的實際效果，依「民眾與媒體的不受約束想像力、與接著而來流行的恐慌程度」而定。如果民眾更瞭解其中真相，就會因而感到放心，則恐怖份子就會改變心意，改選其他真正更有效的作法，諸如 911 或生化攻擊。因此對於髒核彈，最佳的防衛作法是民眾教育，施以更務實的輻射安全體制，事實上，就是單純地戳破任何這樣攻擊的膨風。

核融合發電

提供大規模能源供應的長程對策為核融合電力。此種展望已經許多年，但是現在已進展到足以預期在一兩代內實現，而在最近核分裂發電廠的壽命之內 [45,58]。

首要工作在實現夠久的極高溫與足夠的密度以點燃核融合。有一些方法可以作到，但現行受歡迎的作法是環形托克馬克（tokamak）。已經顯是可以作到點燃，但仍需更多的研發，以建立可信賴的發電廠。

核融合發電會比核分裂發電更安全與更乾淨。不像在核武器（需要核分裂當核融合爆炸前的引爆物），核融合反應器中不需任何核分裂。主要的廢棄物是氦，咸認為它是地球上最安全與最無害的物質。產生能量的核反應來自氚（氫 -3）與氘（氫 -2），亦即：

$$氚 -3 + 氘 -2 \longrightarrow 氦 -4 + 中子$$

產生的中子帶走大部分的能量，接著，由環繞反應器的鋰幕來緩和，然後發生如下的反應：

$$中子 + 鋰\text{-}6 \longrightarrow 氦\text{-}4 + 氚\text{-}3$$

鋰幕內的冷卻迴路傳送能量到渦輪，此時，重新生成氚，因此，消耗的原料只有鋰與氘 [45]。

地殼中有豐富的鋰（百萬分之五十）。科學家估算，用過手提電腦內電池的鋰，加上半個浴缸水中的氘，即足以提供一個英國人三十年所需的能量。其中並無長半衰期放射性，產生的副產物廢棄物很少。氚放射性很弱，半衰期為十二年，但實際上並無淨產出，所需的庫存量很少。在核分裂反應器中，任何時間均有足夠的未燃燃料，以提供一年以上的能量，這就是為何其控制與穩定度很重要。但在核融合反應器中，不需如此。任何時間只需加入小量的燃料，而且，如同汽油或柴油發動機，只要切掉燃料供應，短時間內就可關掉能量供應。在關機後，並無持續的能量釋出，但核分裂反應器持續釋出能量。若發生事故，並不會有廣泛的環境後果，因為儲存的能量少於石化燃料發電廠。就像核分裂反應器，核融合能量來源設備龐大，持續穩定輸出巨大能量，可用來供應海水淡化、產生氫、發電等，當地人也可使用其廢熱。

為了實現這樣的發電廠，現在需要的是更進一步的技術投資與發展，主要是在材料科技方面。這就是國際熱核實驗反應器（ITER）計畫，正在法國南部建造中。無疑地，將可學到新東西。其中，可能包括昂貴的挫折，但不會有全球性的危險。無疑地，將有意外，甚至出人命，但均為當地地區性的事宜，就像在任何其他需要人類努力奮鬥的

工程。然而過去五十年來，核能產業顯示，若有意外，往往來自熟悉的機械與化學危害，例如，鷹架、梯子、火災、電機故障。

成本與經濟

我們可負擔得起為產生核融合能量所需的發展？在經濟衰退期間，世界需要刺激經濟，正如需要科學上可行的解決氣候變遷。似乎能同時解決此兩事的國家和商界，將會繁榮，雖然現行的安全文化、規劃法規、民眾對輻射的認知，均阻礙這一目標。

因為輻射安全法規與公眾關注的聲音，目前核能的成本高漲。每件保護民眾、保護工作人員、保護作業等的規定，均提高成本。如果這些規定真的需要，則可提高成本。但其實，其中許多規定並不然，這對未來核能發電是額外的財政枷鎖，也對人類文明產生嚴重的後果（其實可避免）。

英國廢棄物再處理工廠的情況是個好例子。在儲存室，數千噸最近剛固化廢棄物經過冷卻，等待未來幾十年的掩埋，工作區的輻射值少於每小時一微西弗，亦即約每個月 0.8 毫西弗。此值可和放射治療患者的健康組織每月所受劑量 30,000 毫西弗相比，也可和第七章提議的適宜安全限值「每月 100 毫西弗」相比；並無人每天二十四小、每週七天住在這樣的房間中。一直維持這樣的安全值，實在令人印象深刻，但這樣做成本高，資源並沒好好用。

若將現行輻射安全限值大幅鬆綁，也改進民眾的瞭解，則核能發電的競爭力將會轉型。任何核能電廠的穩定與控制應為首要目標，但是鬆綁核能電廠的建造、運作、除役等的成本節約將是顯著的。燃料的處理、運輸、安全等，加上用過核子燃料的冷卻、儲存、回收、處置等，將需要安全與遠距處理的措施，但會更便宜、更快速，而整體上更不保守。

一座核能發電廠在工作壽命後除役的費用，應不會是主要的項目，如一般人的認知。國際原子盟總署在1990年的報告表示 [59]：

> 除役在技術上是可行的，廢棄物量足以處理，除役費用對發電成本的影響很小；例如，以年度分攤，大型商業反應器的除役費用，約為發電成本的2%~5%。

該報告關切最早期的發電廠，因其設計並沒將除役考慮在內。自從1990年，許多發電廠的工作壽命已經從二十五年延長為四十年，甚至六十年，這就更加攤分資本費用。現代發電廠的改善設計與六十年的工作壽命，即使沒有鬆綁輻射安全限值，仍可使得除役費用分攤得更小。在會計上，將一座核能電廠除役和將一座非核能電廠除役，並沒差別。目前的趨勢為，抬高除役的費用而宣稱為負責任 [60]。在缺乏相關未確定性時，增加名義費用是不負責任的作法。

整個鈾與鈽的核子科技，是在 1940 年代早期根據基礎物理，奮鬥三到四年而完成。今天，全球認可的核能電廠設計是存在的，如果人類對氣候變遷的反應是嚴肅的，這樣的發電廠可更快速地建造完成，耽擱的主要原因是規劃與公眾的安全顧慮，若有更新的公眾認知，就可相當地加速完工。另兩個耽擱的原因是製造產能和人力：缺乏產生所需大量高品質不銹鋼鑄件的能力。還好，最近的報告指出，這已經解決了。幾世紀以來，核子科技漸失魅力，願意學習的年輕人漸少，今天，在許多國家核子物理學家與工程師的數目相當少，這需要時間與努力以培養所需的技術基礎與專長。這將限制建造新廠與運作的速率。從車諾比事故所得的一個真正的教訓是，建造與操作所需的人力必須適當地訓練與負責任。但是這可做得到：在1940年，一點也沒有核子技術，因為整個技術皆為全新。但是，既定決心，經由教育優秀的其他領域技術人員，在四到五年內，就達到目標。當然，推算熟練的物理學家與工程師數目時，應該獨立計算從事安全事宜的人數。

新鮮的水和食物

輻射與核能可更進一步幫助環保。

如第二章所述，要大規模從海水轉換成淡水，就需要大量能量供應海水淡化工廠，否則，因為蓄水層耗盡，加上氣候變遷，預期在世界上許多地區發生重大缺水事件。核能電廠與海水淡化廠設在一起，前者有效地提供能量，

因為海水用來冷卻發電排熱後，即可進淡化廠，省去加溫能量。

人們生產的大部分的食物沒能到達餐桌，因為蟲害、損毀、丟棄。我們可用耗能的冷藏以延長食物的儲存期，但另外作法是使用游離輻射消毒，因為世界衛生組織已經推薦「輻射照射食物」是安全的 [61]，而在許多國家使用著。奇怪的是，在大部分的已開發國家卻沒准許。大部分的西方消費者對它毫無瞭解，因此若被問到，就拒絕它，就因為它和輻射有關。

消毒程序使用很高劑量的加馬射線（來自鈷 -60），高於 50,000 戈雷，亦即 5×10^7 毫西弗。這些加馬射線（1.3 百萬電子伏特 MeV）並沒高到足以激發任何核，因此不可能使食物具有放射性。但是，經由導致生物損傷，它足以殺死所有的微生物。對於食物的效應就如巴氏殺菌法（pasteurisation，加熱導致細胞死亡）；烹煮為另一類似過程，人類熟悉烹煮而信任其為正常與安全的。怪異的是，有些食物經過巴氏殺菌法或輻射照射稍微改變質感或味道，然而，輻射照射卻被認為不適合。烹煮也不是適合所有的食物，但那是比較極端的處理。但是一些政府似乎不敢解釋輻射照射食物對國民有益，此種缺乏領導能力讓人憂心。

這樣強力的加馬射線源還有其他重要的有益用途。在醫院，就像輻射照射食物，用在諸如敷料和手術器械等供應品上。這些強力的輻射源也用在產業上，例如，偵測材

料內部裂縫和洞隙的非破壞性品管。結果，大部分的材料沒有折斷或失效，就像上世紀沒有此項科技時的麻煩。

教育與理解

我們需要追蹤這些強輻射源，若放錯位置會發生意外，因此，要重視長期保持紀錄、改善輻射的公眾教育、增加輻射監視器。這些需要注意做到，同時也需鬆綁整體的輻射安全值。更廣泛而言，在任一社會，要安全地建置民用核能電廠，先決條件是一定程度的政治穩定和教育，否則，所需的國民技能基礎與個人與集體責任，就不易維持。

不論已開發或為開發國家，安全、教育、個人責任等之間的關係很重要。冷戰時期的政治氛圍鼓勵集體，而非個人的科學主動性和責任感，就如美國艾森豪總統，在他1961年離職時，深具先見之明演講中的感嘆，他關切公民警覺的個人聲音，尤其是關切大學的自由。

> 在政府的委員會裡，我們必須謹防軍事與產業綜合體（有意或無意）獲取沒道理的影響，而此錯置的權力有可能災難性的崛起，並將持續存在……
>
> 只有高警覺和有知識的公民，能促進協調「國防巨大的產業和軍事機器」與「我們的和平方法和目標」，因而安全和自由可以共同繁榮……
>
> 在這場革命中，研究已成為中心，它也變得更為正式、複雜、昂貴。聯邦政府在全國研究上的角色，

正穩定地增加其比重。今天,在房間中試來試去的孤立發明家,與在實驗室和測試現場的科學家任務小組,實在難以相提並論。同理,歷史上為自由觀念和科學發現源泉的自由大學,已在研究的作為上經歷了革命。政府的合同幾乎成為求知欲的替代物,部分的原因是研究需要巨額的費用。對於舊日的每個黑板,今天取代的是數百個新的電腦。

　　一想到聯邦政府主宰全國學者的僱用與分派計畫,而資金的威力一直存在,就令人憂心。……

　　在我們的民主制度的原則內,塑造、平衡、整合這些和其他的力量,永遠邁向我們自由社會的最高目標,這是政治家的任務。

—— 1961 年艾森豪告別演講(部分)

　　即使在冷戰結束時,艾森豪總統描述的威脅也還沒消失。此時,他所指的集體機器已經更加國際化,而安全產業為其一部分。但是現在應改變對安全的態度,勢在必行的是,它需重新塑造以抗衡世界新的威脅

　　艾森豪還描述,從上而下的中央集權式做法,添上的更進一步教育危險,組織(尤其是大規模活動的)分開成小單位後,更易處理。我們傾向於將問題的片段委派專家處理。若能將問題結構化,這樣做也許有效,但這也可能導致少人(甚至無人)瞭解全貌。因此,最明顯的錯誤可能被忽視了。似乎這就是發生於輻射效應的事例。最近,區隔化的實際利弊已經更清楚,因此,需要學習的教訓與

廣傳的訊息是，專業化的好處有限，而模組化的學習往往不利於達到真正全盤的瞭解。我們需要的是既有深度且廣博的通才，尤其是在科學方面尤甚。利用通才的時候，就要仔細問清楚，分散通知全體，而非盲目地接納。委派似的思維（分配理解的任務給諮詢顧問）並無法得到正確的答案。從自身經驗學習，也互相學習，是件苦功夫，但我們需要傳承寬廣科學知識給我們的孩子與孫子。否則可能是個環境黑暗期，並無簡單的解決之道。明確地說，若要從氣候變遷中倖存，人類必須盡其智慧想解套。在過去，人類不理核子答案，這是個錯誤，因為民用核子科技是唯一可能的作法，足以煞住不斷惡化氣候變遷趨勢者。我們需要它以維持世界經濟，而又避免不滿和不安，進而會導致不和諧和世界規模的戰爭。

第十一章 結論摘要

因為游離輻射而導致的風險，其實估計的太嚴格。在此，根據三個科學資訊來源而得到結論：首先，一世紀來的臨床放射治療經驗；其次，根據實驗室研究而得輻射生物學知識；第三，分析受到單一急性劑量或連續慢性劑量，且為大量人數長期的健康紀錄。**結果顯示，新的人類輻射暴露安全值應可建議為：若是單一劑量則 100 毫西弗；每個月總量 100 毫西弗；一生中總暴露量 5,000 毫西弗。這些值其實還是保守的，也許有個一兩倍的討論空間，但不會是十倍。**

有三個理由解釋，為何現存輻射安全標準約一千倍太保守：首先，公眾心中聯想輻射與核子武器的危險；其次，有關當局設立狹窄的安全餘裕以儘量減少公眾暴露於輻射中，又滿足公眾對安全與確認的遐想；第三，早期幾十年缺乏確定的科學證據與瞭解。在冷戰時期，各國有好的政治理由不儘量減少核子戰爭的健康後果，但是，此關聯已經根深蒂固於民眾意識中。因其實體破壞力，核子武器特別危險。當起始的爆炸，產生的游離輻射與熱，在瞬間消失後，殘餘的放射性與落塵對人體健康的影響，遠比過去所認為的更小。若認為輻射劑量不論多小，均會對健康留下不可磨滅的印記，其實並無根據。**證據顯示，若工作人**

員曾暴露於低劑量輻射中，在八十五歲前，其癌症死亡率就少 15~20%，顯示低劑量輻射劑量似乎是有益的。

現在新的危險是明顯的，它們比地區性的核子事故更具全球性與威脅性，它們來自地球大氣的改變，而背後原因是繼續使用石化燃料。雖然有許多回應的提議措施，但唯一大規模的解答是大量轉移到核能發電和供應額外的新鮮水。若要便宜與無中斷地儘快做到此地步，則公眾的輻射認知需要反轉，而且根據新安全值的法規與工作措施，需要大量的改變。在未來，更多的生物知識或許能支持更進一步地鬆綁的安全值，也應著手新的立法與工作措施準備。這樣的鬆綁安全值約一千倍，意指目前的顧慮，諸如廢棄物、除役、輻射 安全、恐怖主義與費用等，均可從更適宜的角度審視。

這是最正面的結論，但是我們能夠與準備好要重新考慮我們的觀點，然後夠快地採取行動，以減輕氣候即將發生的變遷？

後記：日本的福島事件

不穩定與自我破壞

在英國有個民間故事提及，英國和斯堪的納維亞半島的英明國王克努特（Canute, 1016~1035），他奉承的朝臣告訴他，「他偉大到可以指揮海潮汐回去」。但他知道自己的限制（即使他的朝臣不知），因此，他要求寶座搬到海邊來坐，當海潮衝過來時，他指揮海浪不可再向前進，結果海潮繼續往前，此時，他已讓旁人瞭解，雖然國王的作為在臣民眼中看似偉大，但在大自然面前，其實沒什麼。我們看海這樣，輻射亦然；那是自然與科學決定輻射的效應與其安全性，而非政治當局。只是遵守安全法規並不能取代理解。

在 2011 年 3 月 11 日，日本東北海岸受到九級地震的襲擊，產生的海嘯完全摧毀廣大海岸地區。死亡人數為 15,247，加上 8,593 人失蹤（直到 5 月 27 日），超過 100,000 件財產完全被毀 [62]。當地四個核能電廠的所有十一個核子反應器，地震前還在運作，地震時立即自動關機（就如原設計）。在隨後的海嘯肆虐，福島第一核電廠三個核子反應器遭殃，而釋放放射性物質到環境中。日本宣佈此事故為國際核子事故分級表的第七級，亦即是最嚴

重的級數，這和車諾比事故的級數一樣，但是車諾比其實很不一樣，其反應器沒有關機，也沒有圍阻體結構阻止放射性，並且整個反應器爐心暴露於大氣中，導致石墨起火燃燒，產生更多熱而燃燒爐心，將揮發性物質催送大氣中。

因此，到底福島核電廠反應器發生了什麼事 [63]？「關機」意指中子流減為零，所有核分裂停止。雖然並無核分裂爆炸（就如核彈）的風險，因為放射性繼續衰變，而一直產生熱，起始值為全反應器功率的 7%，然後在一天內減少為 ½%。此「衰變熱」為每個核分裂反應器的特性，就如圖二十二所示，福島反應器具備許多散熱方式，而不會釋放放射性環境中。在發生事故時，海嘯破壞了反應器的電力供應，連接的電力系統毀損，緊急柴油發電機被海水淹沒，備用電池在幾小時後電力用光，結果，冷卻系統失效，反應器爐心變得太熱而開始熔融。另外，反應器圍阻體容器的壓力開始上升，超過設計的能力。為了避免完全破裂，就需要排放蒸氣，包括一些放射性物質（主要是碘與銫）。排放的氣體包括一些氫，在空氣中化學反應地爆炸，將建物屋頂給炸穿，拋出一些污染碎片於核電廠周遭。但是，這些爆炸並無進一步釋出放射性，因為是在內層圍阻體容器之外。

在這些拋散的放射性元素，已知碘 -131 是危險的，因為若孩童沒有服用預防性碘片，它會導致甲狀腺癌。但是，不像在車諾比（參閱第六章），在日本他們充分供應碘片。在核分裂停止後，因為碘 -131 的活性每八天少一半，在

用過核子燃料池就無碘。然而，這些儲存池與其潛在的放射性釋放，成為額外的注意力焦點。福島核電廠（和車諾比）釋放相當量的放射性銫，尤其是銫 -137（半衰期三十年）。在車諾比，核能電廠外並無一人因放射性（除了碘）而死亡，因此，放射性銫並無致人於死。事實上，令人玩味的是，在福島，媒體大張旗鼓地談輻射，但是，輻射沒有殺死一人（未來也不大可能），而媒體興趣不大的海嘯卻殺死數千人。在事故六週後，三十位工作人員所受輻射劑量為 100~250 毫西弗 [63]。在廣島和長崎，受到此範圍劑量者，有 5,949 人，五十年後，有四十一人罹患輻射誘發的癌症，因此是一百五十分之一（表五）。在車諾比事故，緊急救援者中，沒有接受劑量低於 2,000 毫西弗者因為急性輻射症候群死亡（圖九 b）。

　　福島反應器的強烈自我破壞，變成吸引人的媒體頭條新聞，結果，可預見地，弄得有關當局立刻承諾增加安全。現代反應器的設計比福島的包括更多安全措施，也花費超多錢保護反應器免於自我破壞，這均為現代反應器主要的設計與建造成份。從紀錄上可知，核子事故的人命風險遠少於傳統事故的：英國聞司克（0）、三浬島（0）、車諾比（45）、福島（0）、1988 年北海 Piper Alpha 油井爆炸事件（167）、1984 年印度 Bhopal 毒氣泄漏事件（3,800）、2010 年墨西哥灣 Deepwater Horizon 油井爆炸事件（11）。其中的差別似乎只是在於特別害怕核子輻射。緊張與恐懼則與距離無關，**媒體報導從福島飄出的輻射量，即使這在**

蘇格蘭也可偵測到，但不會報導其劑量微乎其微。這樣的報導有時候後果嚴重；在車諾比事故之後，醫學文獻中發表的希臘生育統計，證據顯示約有兩千個額外的人工流產，原因只是想像的威脅 [64]。希臘花費大量的經費在安撫恐懼（將民眾隔離輻射），以安全之名，應將資源花費在真正的民眾教育，包括核子輻射與其對人類的福祉。

　　就在福島事故後幾天，媒體已經黔驢技窮地編不出描述輻射威脅的大小，因此開始散播散佈恐慌，而不是資訊。結果，許多人搭飛機與火車逃離東京，原因在於害怕核子輻射，而非瞭解真正產生的輻射效應。過度小心輻射安全限值，供奉在日本與其他國家的法規上，導致有關當局提供顯然地難以理解的資訊。例如，東京電力公司（福島核能電廠的主人）說，在 4 月 4 日那星期，福島反應器已經釋放 10,400 噸稍微污染的水到海中，雖然這包含百倍法規限值的碘 -131，但此值是安全的，**每天食用該電廠附近取得的魚與海帶，即使吃一年，只比自然環境約增加 0.6 毫西弗** [63]。這樣的資訊大概是真的，但是卻顯得相互矛盾（又超標又安全），是會讓民眾擔心。產生此矛盾的原因在於法規限值定在符合「合理抑低」，而非「相對安全地高」，兩者相差約一千倍。

　　但是，故事還沒完，圍阻燃料與讓它冷卻仍在繼續中。維持冷卻重任的水，變得受到污染，而需要過濾。即使使用機器人，處理這些任務還是相當艱巨。雖然目前的情況（2011 年 6 月 4 日）似乎短期內還未見改善。我們需要知道，

在車諾比，其燃料為在高溫下向天空開放，因而使用冷卻水與否幾無相關。

對於福島事件，大量的注意力集中在指責誰該負責。對許多人而言，東京電力公司就是惡棍。但我認為這是不合理的，住在日本的人，接納當地很不穩定的地質環境。海嘯將許多建築與工廠均完全摧毀，但是福島第一核能電廠屹立不搖。似乎核能電廠能夠受得了地震（遠超過其設計），若曾有些改變，就也可經得起海嘯的考驗，例如，更佳的選址、更高的海牆、護衛妥當的柴油發電機。確是，其他的日本反應器受損甚少或毫無損傷。由後見之明，就容易指出早該採取哪些對策，但為何核子安全被當成特別的？沒人因為核子安全失效而死亡，但數千人因為海嘯防護設施失效而死亡，後者卻很少招致評論 [66]。此指責的遊戲來自喜歡歸屬責任到某人身上，而非坐下與仔細想想，到底發生了啥事？核子輻射事故是否比海嘯還糟？在世界上更穩定的部分，這些自然力並不會對核能電廠產生危害，但是，就如同地震顯示不穩定區域，兩反應顯示社會的不穩定區域，亦即，非理性的恐慌與「對同胞與負責的組織」失去信任。國際上對福島的反應顯示，許多國家也遭受此種不穩定性，不論源自殘缺的公眾教育、政治領導者無知、或個人無力影響其生命的科學。在每個社區，社會應找出這些有見識的成員，而其他人應信任他們。護得信任為人類生存的基本要件，沒有理由認為核子輻射安全有何特別不同。

解釋與撫慰

在車諾比，缺乏公眾資訊與過度審慎的輻射法規（被錯誤地解讀為輻射危險所需），並且短時間通知就立即強制疏散當地農業人口，遷移到遙遠與不熟悉的居住環境，這就是嚴重社會損傷的原因；最近的報告一直強調此錯置的後果 [12]。此核子事故突顯蘇聯社會的內在裂隙；當戈巴契夫回顧此災難時，認為那是導致蘇聯時代結束的社會與經濟地震。在國外，為了安撫民眾意見的過度審慎法規，導致嚴重的經濟損傷，例如，瑞典當局在 2002 年媒體所招認的 [28]。

在福島也是這樣，在海嘯導致大量破壞與死亡之外，撤離村民導致對家庭、社區、經濟等的損傷。**以每年 20 毫西弗的暴露值，用來界定疏散區，實在太低標，許多人實在不需遷離卻被迫離鄉背井。這樣具有侵入性的社會經濟切割標準，應該訂得相當寬，也許高達每個月 100 毫西弗，該值仍比治療癌症時患者健康組織每月所受劑量小二百倍。**明顯地，要求「合理抑低」的人體健康顧慮與臨床醫療所顯示的人體健康顧慮實在無法相批配。正如同在車諾比，**在福島的主要健康威脅來自恐慌、不確定、強制撤離等，而非來自輻射。**在日本，官方對輻射的審慎已經傷害許多生命，產生額外的社會經濟成本、悲慘、相互指責、對當局失去信任。

我們需要更佳的民眾教育與務實的安全標準。目前，法規的建議來自國際放射防護委員會的「根據（1）目前

對輻射暴露與效應的科學；（2）價值判斷——價值判斷考慮了社會期望、倫理、經驗」[65]。在過去，國際放射防護委員會追隨民意，而非引導民意；這是錯誤的作法，因為大眾對輻射的瞭解，來自上世紀的政治宣傳，而其基礎為錯誤的理解。在車諾比事件後，國際放射防護委員會主席承認其額外審慎的作法已經失效（請參閱第六章最後幾頁）。各國學術評估報告加上其他人 [41] 已經要求國際放射防護委員會更新其措施 [21、22]。因此，它應該顯示一些領導作風，依據現代輻射生物學而更新其安全值，支持民眾再教育的計畫；其實不少民眾相當聰明，也歡迎合理的解釋。新的安全值應該是相對安全地高（AHARS），而非合理抑低（ALARA）。為了民眾的福祉，我們需要教育年輕人，二十一世紀真正的危險何在，而非以二十世紀的誤解當枷鎖。**在這個充滿危險的世界（地震、全球暖化、經濟崩潰、缺少工作機會、能源、食物、水等），昂貴地追求最低可能輻射值，並非人類的最佳選項。**

更進一步的讀物與參考文獻

本書作者 2012 年 7 月提供的參考資訊

http://www.radiationandreason.com（作者網站）

http://www.radiationandreason.com/download/ipjoqq。
（2012 年 6 月受邀到芝加哥於美國核子學會 American Nuclear Society 演講）

http://ansnuclearcafe.org/2012/07/11/lnt-examined-at-chicago-ans-meeting。（在美國核子學會其他人的演講）

http://www.world-nuclear.org/uploadedFiles/org/WNA_Personal_Perspectives。（最近的物理學與工程文章）

http://www.gepr.org/en/contents/20120723-05/。（在日本的一般文章）

http://www.radiationandreason.com/download/ipjbrr。
（在德國的一般文章）

http://www.publications.parliament.uk/pa/cm201012/cmselect/cmsctech/writev/risk/contents.htm。（在英國的一般文章）

本書原有的資訊

針對車諾比的近況，Wormwood Forest 呈現平易近人的描述。Mary Mycio 提供車諾比的自然歷史與照片放在網站上 [14]。

容易閱讀，但比較像是給學生參考的科學、輻射、健康事宜，作者為 T. Henriksen 與 H. D. Maillie [16]。

要更進一步瞭解核子物理與醫學物理，請參閱本書作者頁里森的《探測與造影的基礎物理》[4]。

關於科學研究提議對生命與健康的影響力，請參閱 Helen Pilcher 的文章〈巫術的科學〉[2]。

更多產生能量的資料，請參閱 J. Andrews 與 N. Jelley 的書《能源科學》（Energy Science），Oxford University Press（2007）。

參考文獻

[1] Wilmott, P (2000). The use, misuse and abuse of mathematics in finance. Philosophical Transactions of the Royal Society. A358:63–73. http://www.jstor.org/pss/2666776 [accessed 15 February 2009].

[2] Pilcher, H (2009).The science of voodoo: when mind attacks body. New Scientist. May 2009. http://www.newscientist.com/article/mg20227081.100-the-science-of-voodoo-when-mind-attacks-body.html [accessed 12 August 2009],

[3] Deutsch, D. (1997). The Fabric of Reality Penguin.

[4] Allison, W. (2006) Fundamental Physics for Probing and Imaging. Oxford University Press.

[5] Watson, S J et al. (2005) Ionising Radiation Exposure of the UK Population: 2005 Review. UK Health Protection Agency, Report RPD-001.

[6] Wikipedia (2009). Natural Nuclear Fission Reactor http://en.wikipedia.org/wiki/Natural_nuclear_fission_ reactor [accessed 18 May 2009].

[7] Meshik, A P. (2005) The Workings of an Ancient Nuclear Reactor. Scientific American, Nov 2005, 293:56–63.

[8] IAEA (1996) International Basic Safety Standards for Protection against Ionizing Radiation and for the Safety of Radiation Sources 115. The International Atomic Energy Agency. (http://www.pub.iaea.org/MTCD/publica- tions/PDF/ SS-115-Web/Pub996_web-1a.pdf) [accessed 10 February 2009 but the text quoted was deleted shortly thereafter].

[9] WHO (2004) Malaria and HIV/AIDS Interactions and Implications Conclusions of a technical consultation convened by WHO. http://www.emro.who.int/aiecf/ web26.pdf [accessed 12 February 2009].

[10] FHWA (2007) Press Release: call on States to Immediately Inspect All Steel Arch Truss Bridges. Federal Highway Administration, 2 August 2007. http://www.fhwa.dot.gov/pressroom/fhwa0712.htm [accessed 21 February 2009].

[11] OECD (2002) Chernobyl: Assessment of Radiological and Health Impacts. Report 3508, OECD/National Energy Agency, Paris. http://www.nea.fr/html/rp/chernobyl/welcome.html [accessed 11 February 2009].

[12] IAEA (2006) Chernobyl's Legacy. International Atomic Energy Agency. http://www.iaea.org/Publications/Booklets/Chernobyl/chernobyl.pdf [accessed 14 February 2009].

[13] WHO (2006) Health effects of the Chernobyl accident and Special Health Care Programmes. Report of the UN Chernobyl Forum, World Health Organization. http://whqlibdoc.who.int/publications/2006/9241594179_eng.pdf [accessed 5 July 2009].

[14] Mycio, M (2005). Wormwood Forest, a natural history of Chernobyl. Joseph Henry Press.

[15] BBC (2006) Nuclear Nightmares. BBC Horizon, 13 July 2006. http://news.bbc.co.uk/1/hi/sci/

tech/5173310.stm [accessed July 2009]. (Also http://
news.bbc.co.uk/1/hi/world/europe/4923342.stm and
http://www.bbc.co.uk/iplayer/console/b010mckx)[ac-
cessed June 2011]

[16] Henriksen, T, and Maillie, H D. (2003) Radiation &
Health. Taylor & Francis.

[17] Merkle, W. (1983) Statistical methods in regres-
sion and calibration analysis of chromosome aberra-
tion data. Radiation and Environmental Biophysics.
21:217–233. (http://www.springerlink.com/content/
q84x2p284r380187/)[accessed 13 February 2009].

[18] Nakamura, N. et al (1998) A close correlation between
electron spin resonance (ESR) dosimetry from tooth
enamel and cytogenetic dosimetry from lymphocytes of
Hiroshima atomic-bomb survivors. Int. J. Radiat. Biol
73:619–627.1998. CrossRef, PubMed, CSA [accessed 5
June 2011].

[19] Preston, Dale L. et al (2004) Effect of Recent Changes
in Atomic Bomb Survivor Dosimetry on Cancer Mor-
tality Risk Estimates. Radiation Research. 162: 377–
389. http://www.bioone.org/doi/abs/10.1667/RR3232
[accessed 6 February 2009].

[20] Shimizu, Y. et al (1999) Studies of the Mortality of

Atomic Bomb Survivors. Report 12, Part II. Noncancer Mortality: 1950–1990. Radiation Research. 152: 374–389. http://www.jstor.org/pss/3580222 [accessed 27 February 2009].

[21] Tubiana, M. and Aurengo, A. (2005) Dose-effect relationships and estimation of the carcinogenic effects of low doses of ionizing radiation. Joint Report of the Academie des Sciences (Paris) and the Academie Nationale de Medecine. http://www. academie-sciences.fr/publications/rapports/pdf/ dose_effet_07_04_05.pdf [accessed 25 May 2009] .http://www.radscihealth.org/rsh/docs/Correspondence/ BEIRVII/TubianaAurengo5Oct05.pdf [accessed 4 June 2011]

[22] Tubiana, M and Aurengo, A. (2006) Dose-effect relationships and estimation of the carcinogenic effects of low doses of ionizing radiation. Joint Report of the Academie des Sciences (Paris) and the Academie Nationale de Medecine. International Journal of Low Radiation. 2:135–153. (http://www.ingentaconnect.com/ content/ind/ijlr/2006/00000002/F0020003/art00001) [accessed 11 February 2009].

[23] NRPB (2001) Stable Iodine Prophylaxis. Recommendations of the 2nd UK Working Group on Stable Iodine

Prophylaxis, National Radiological Protection Board. (http://www.hpa.org.uk/webc/HPAwebFile/HPAweb_C/1194947336017) [accessed 14 March 2009].

[24] Windscale (2007). The Windscale reactor accident—50 years on. (Editorial) Journal of Radiological Protection. http://iopscience.iop.org/0952-4746/27/3/E02/pdf/0952-4746_27_3_E02.pdf [accessed 4 June 2011

[25] Cardis, E. et al. (2005) Risk of Thyroid Cancer after exposure to iodine-131 in childhood, Journal of the National Cancer Institute 97(10) 724–732. http://jnci.oxfordjournals.org/cgi/content/short/97/10/724 [accessed 21 February 2009].

[26] Boice, J D. (2005) Radiation-induced Thyroid Cancer – What's New? Editorial, Journal of the National Cancer Institute 97(10):703–32. http://jnci.oxfordjournals.org/cgi/content/full/97/10/703 [accessed 11 February 2009].

[27] ICRP (2007) Report 103: 2007 Recommendations. International Commission for Radiological Protection. http://www.icrp.org [accessed 10 February 2009].

[28] Dagens Nyheter (2002). Article published in the major Stockholm morning paper on 24 April by Swedish Radiation Protection Authority. An English translation, http://www.radiationandreason.com/uploads/dagens_

nyheter_C3D.pdf

[**29**] Simmons, J A. and Watt, D E. (1999) Radiation Protection Dosimetry, A Radical Reappraisal. Medical Physics Publishing, Madison, Wisconsin.

[**30**] RCR (2006) Radiotherapy Dose Fractionation. Royal College of Radiologists. http://rcr.ac.uk/docs/oncology/pdf/Dose-Fractionation_Final.pdf [accessed 11 February 2009].

[**31**] Roychoudhuri, R. et al (2007) Increased cardiovascular mortality more than fifteen years after radiotherapy for breast cancer: a population-based study. BioMed Central Cancer, 7: 9. http://www.ncbi.nlm.nih.gov/pubmed/17224064 [accessed 27 February 2009].

[**32**] GSI (2010) Heavy Ion Therapy in Germany http://wwwapr.kansai.jaea.go.jp/pmrc_en/org/colloquium/download/colloquium17.pdf [accessed June 2011].

[**33**] BASROC (2006) UK Hadron Therapy Accelerator Group. http://www.basroc.org.uk/documentation.htm [accessed 21 February 2009].

[**34**] Darby, S. et al. (2005) Radon in homes and risk of lung cancer: collaborative analysis of individual data from 13 European case-control studies. British Medical Jour-

nal 2005; 330, 223–228. http://www.bmj.com/cgi/content/full/330/7485/223 [accessed 12 February 2009].

[35] Darby, S et al. (2006) Residential radon and lung cancer, the risk of lung cancer Scandinavian Journal of Work, Environment and Health 2006;32 supplement 1. http://www.sjweh.fi/order_supplement.php [accessed 11 February 2009].

[36] WHO (2006) Radon and Cancer. World Health Organization http://www.who.int/mediacentre/factsheets/fs291/en/index.html [accessed 11 February 2009]. Unfortunately the quoted passage has recently been removed from this website. [May 2011]

[37] Berrington et al (2001) 100 years of observation on British radiologists: mortality from cancer and other diseases, 1897–1997. British Journal of Radiology, 74 (2001), 507–519. http://bjr.birjournals.org/cgi/content/full/74/882/507 [accessed 25 May 2009].

[38] Muirhead, C R et al (2009). Mortality and cancer incidence following occupational radiation exposure: third analysis of the National Registry for Radiation Workers. British Journal of Cancer, 100, 206–212. http://www.nature.com/bjc/journal/v100/n1/full/6604825a.html [accessed 3rd April 2009].

[39] Simmons, J A. (2008) Response to 'Commentary: What Can Epidemiology Tell us about Risks at Low Doses?' Radiation Research. 170: 139–141. http://www.bioone.org/doi/abs/10.1667/RR1391a.1 [accessed 25 May 2009].

[40] Rowland, R.E. et al (1997) Bone sarcoma in humans induced by radium: A threshold response? Radioprotection 32: C1-331–C1-338.

[41] Pollycove, M and Feinendegen, L E (2008) Low-dose radioimmuno-therapy of cancer. Human Experimental Toxicology. 2008; 27: 169–175. http://het.sagepub.com/cgi/reprint/27/2/169 [accessed 27 February 2009].

[42] BEIR VII (2005) Health Risks from Exposure to Low Levels of Ionizing Radiation: BEIR VII – Phase 2. The National Academies Press. http://www.nap.edu/catalog/11340.html [accessed 23rd March 2009].

[43] UNSCEAR (1994). Sources and Effects of Ionizing Radiation. Report to UN General Assembly http://www.unscear.org/unscear/en/publications/1994.html [accessed 10 April 2009].

[44] Mitchell, R E J. and Boreham, D R (2000). Radiation Protection in the World of Modern Radiobiology: Time

for A New Approach. International Radiation Protection Association, Hiroshima, Japan, 15–19 May 2000. http://www.radscihealth.org/rsh/docs/Mitchel.html [accessed 12 February 2009].

[45] Llewellyn-Smith C & Cowley S (2010) The Path to Fusion Power http://rsta.royalsocietypublishing.org/content/368/1914/1091.full.pdf [accessed June 2011].

[46] World Nuclear Association (1999). Conversion and Enrichment.(http://www.world-nuclear.org/how/enrichment.html) [accessed 11 February 2009].

[47] Areva (2009) The 1600+ MWe Reactor. Areva Company(http://www.epr-reactor.co.uk/scripts/ssmod/publigen/content/templates/show.asp?P=93&L=EN) [accessed 2 September 2009].

[48] Royal Society (2001) The health effects of depleted uranium munitions. http://royalsociety.org/The-health-hazards-of-depleted-uranium-munitions-Part-1-Full-Report/[accessed 4 June 2011].

[49] World Nuclear Association (2006) Waste. http://www.world-nuclear.org/education/wast.htm [accessed 4 April 2009].

[50] Tubiana, M. et al. (2006) Recent reports on

the effect of low doses of ionizing radiation and its dose–effect relationship Radiation and Environmental Biophysics 2006 44:245. http://www.springerlink.com/content/yg-4m73410313447j/ [accessed 25 May 2009].

[51] World Nuclear Association (2008) Plans for New Nuclear Reactors Worldwide. http://www.world-nuclear.org/info/inf17.html [accessed 11 February 2009].

[52] GenerationIV (2009) Generation IV 2008 Annual Report. Gen-IV International Forum. http://www.gen-4.org/PDFs/GIF_2008_Annual_Report.pdf [accessed 6 April 2009].

[53] World Nuclear Association (2008) Generation IV Nuclear Reactors. http://www.world-nuclear.org/info/inf77.html [accessed 11 February 2009].

[54] ThorEA (2009) Thorium energy amplifiers. http://www2.hud.ac.uk/news/2009news/05_thorea.php [accessed 2 September 2009].

[55] World Nuclear Association (2008) Supply of Uranium. http://www.world-nuclear.org/info/inf75.html [accessed 27 February 2009.

[56] Kalinowski, M B. et al. (2004) Conclusions on plutoni-

um separation from atmospheric krypton-85 measured at various distances. Journal of Environmental Radioactivity 2004. 73;2:203–222. http://cat.inist.fr/?aMode le=afficheN&cpsidt=15580560 [accessed 11 February 2009].

[57] El Baradei, M. (2009) A Recipe for Survival. International Herald Tribune, 16 February, 2009.http://www. iaea.org/newscenter/transcripts/2009/iht160209.html [accessed 2 September 2009].

[58] World Nuclear Association (2007) Nuclear Fusion Power. http://www.world-nuclear.org/info/inf66.html [accessed 29 March 2009].

[59] IAEA (1990) Costs of Decommissioning Nuclear Power Plants. International Atomic Energy Agency. http://www.iaea.org/Publications/Magazines/Bulletin/Bull323/32304783942.pdf [accessed 23 February 2009].

[60] BERR (2006) Reactor Decommissioning. Informal report prepared for the UK Government by Ernst and Young. http://www.berr.gov.uk/files/file36327.pdf [accessed 29 March 2009].

[61] WHO (1997) High-dose irradiation: wholesomeness of food irradiated with doses above 10 KGy. A joint FAO/

IAEA/WHO study group. World Health Organization. (http://www.who.int/foodsafety/publications/fs_management/irradiation/en//)[accessed 11 February 2009].

[62] National Police Agency of Japan (2011) http://www.npa.go.jp/archive/keibi/biki/higaijokyo_e.pdf [this site is regularly updated; accessed 27 May 2011]

[63] World Nuclear Association (2011) Fukushima accident(http://www.world-nuclear.org/info/fukushima_accident_inf129.html)[this site is regularly updated; accessed 23 May 2011]IAEA Preliminary Report on Fukushima (June 2011) http://www.iaea.org/newscenter/focus/fukushima/missionsummary010611.pdf [accessed 6 June 2011]

[64] Trichopoulos et al (2007) The victims of Chernobyl in Greece: induced abortions after the accident http://www.bmj.com/content/295/6606/1100.extract [accessed 3 June 2011]

[65] ICRP home page http://www.icrp.org/ [accessed 3 June 2011]

[66] Allison (2011) We should stop running away from radiation http://www.bbc.co.uk/news/world-12860842 [accessed 4 June 2011]

索 引

Radiation and Reason
正確的輻射觀
──請聽專家解析輻射恐慌

作　　者　頁里森 Wade Allison
譯　　者　林基興
發 行 人　施嘉明
總 編 輯　方鵬程
主　　編　葉幗英
責任編輯　徐平
美術設計　吳郁婷

出版發行　臺灣商務印書館股份有限公司
　　　　　台北市重慶南路一段三十七號
　　　　　電話：(02)2371-3712
　　　　　讀者服務專線：0800056196
　　　　　郵撥：0000165-1
　　　　　網路書店：www.cptw.com.tw
　　　　　E-mail：ecptw@cptw.com.tw
　　　　　局版北市業字第993號

Radiation and Reason by Wade Allison
Copyright © 2009, 2011 by Wade Allison
This edition arranged with Wade Allison Publishing
Complex Chinese edition copyright © 2012
The Commercial Press, Ltd.
All rights reserved

初版一刷　2013 年 1 月
定　　價　新台幣 300 元
ISBN　978-957-05-2796-4

正確的輻射觀：請聽專家解析輻射恐慌 ／ 頁里森
(Wade Allison)著：林基興譯. --初版. --臺北市：
臺灣商務, 2013.01
　　面 ； 公分. --
譯自：Radiation and reason
ISBN 978-957-05-2796-4（平裝）

1. 輻射防護 2. 核能

449.8　　　　　　　　　　　　　101024207